财富自由

CAIFU ZIYOU

专家带你轻松学理财

朱坤福 ◎ 著

台海出版社

图书在版编目（CIP）数据

财富自由：专家带你轻松学理财／朱坤福著．——
北京：台海出版社，2020．12
ISBN 978-7-5168-2783-3

Ⅰ．①财…　Ⅱ．①朱…　Ⅲ．①家庭管理–财务管理
Ⅳ．①TS976．15

中国版本图书馆 CIP 数据核字（2020）第 208936 号

财富自由：专家带你轻松学理财

著　　者：朱坤福

出 版 人：蔡　旭　　　　　　　　　　封面设计：新联网传媒有限公司
责任编辑：王慧敏

出版发行：台海出版社
地　　址：北京市东城区景山东街 20 号　　　邮政编码：100009
电　　话：010-64041652（发行，邮购）
传　　真：010-84045799（总编室）
网　　址：www. taimeng. org. cn/thcbs/default. htm
E － mail：thcbs@ 126. com

经　　销：全国各地新华书店
印　　刷：廊坊市瑞德印刷有限公司
本书如有破损、缺页、装订错误，请与本社联系调换

开　　本：710 毫米×1000 毫米　　　　　1/16
字　　数：250 千字　　　　　　　　　　印　　张：17.9
版　　次：2020 年 12 月第 1 版　　　　印　　次：2020 年 12 月第 1 次印刷
书　　号：ISBN 978-7-5168-2783-3

定　　价：59. 00 元

前　言

　　财富就是自由，自由亦是财富。在当今社会，财富数量的多寡直接影响到个人的生活质量与水平。财富越多，可供选择的自由就越多。热爱财富，就是热爱自由。

　　对于口袋里仅有几百元的长途旅行者，他们选择可乘坐的交通工具恐怕只有普通汽车了；而那些口袋里有几万元的背包客，他们可以轻松选择豪华游轮、高铁、飞机等交通工具。当然了，根据个人喜好，他们同样也可以选择乘坐普通汽车。

　　到底拥有多少财富才能实现财富自由呢？这是人人都关心的话题。其实，财富自由只是教科书上的一个概念而已，对于不同的人来说，其获得自由的财富多寡是因人、因地而异的，无法用统一的标准来概括。

　　财富自由是这样一种状态：某个人在不上班的情况下获得的收入远远超过个人上班努力工作获得的薪水与酬劳，并能覆盖基础的固定生活支出，即被动收入远远大于主动收入。因此，一个人要想获得财富自由，他要迫切做什么呢？调整自己的收入结构，提高自己的被动收入。世界上所有获得财富自由的人，都有持续不断、稳定的被动收入。只有持续而稳定的被动收入才能让人安心放弃主动收入，去从容选择自己想要的生活。

　　曾经有篇文章说，北京月入6000元的保姆比月入30000元的白领的生活质量要高。这是因为，那位保姆每个月可获得的房屋租金收入就高达50000元。房屋租金收入属于被动收入，这不需要保姆日夜辛苦工作就能获得，而普通白领的工资必须得通过努力工作才能换取。相比较而言，当然是白领显得更焦虑一些。到底哪些收入属于被动收入呢？股票的股息、银行存款的利息、房租的租金、投资证券或房产获得的差价收益等。被动收入往往都有一个特点，这些都是资产性收入，只有优质良性资产才能让人源源不断地获得被动收入。因此，要想改变个人的财务结构，就必须要思考如何去构建个人优质资产。

只有拥有财富自由了，才有精力去考虑人生自由、心灵自由。很多人一辈子都在辛辛苦苦为别人打工，可是"工"字不出头，到了退休的年龄，依然过着紧巴巴的日子，这样的结局自然是大多数人不愿意要的。其实，只要人在年轻的时候不断积累财富，逐渐购入或者打造个人的优质资产，就能让自己老有所依，甚至在中年的时候就能获得相对自由的生活状态。

亲爱的读者朋友，趁自己还年轻，未雨绸缪，为自由而战，为幸福的生活而战，这是一件值得称道的事情。选择不同，结局自然不同。从今天开始，在心中默默地种下财富自由的种子，用辛勤的劳动去浇灌，相信这颗种子会随着时间的推移而生根发芽，茁壮成长，并荫庇后人。

朱坤福

2020 年 10 月 17 日于朱氏药业集团总部

目　录

第一章

脑袋决定口袋，理财先从"理脑"开始

投资理财不是有钱人的专利，而是一种生活技能。投资理财没有捷径，也很难完全复制别人的模式，最重要的是理财观念，观念正确就会赢。每一个理财致富的人，其实都是养成了一般人不喜欢且无法坚持的习惯而已。投资理财改变着我们的"财运"，可以让我们优雅地老去，在观看更多人生美景的同时将幸福牢牢地握在自己手中。

想让财来"理"你，先主动去"理财"

在现代社会，钱可以生钱。精明的商人们都知道，自己通过在商场的一番激烈拼杀而赚取到的金钱，凭借理财可以获得更好的增长。有句老话说得好：你不理财，财不理你。要想让财来"理"你，你首先必须主动去"理财"。

理财究竟有多大的吸引力，从当前理财市场的火爆程度就可见一斑。

财富故事

有三个人犯了罪，要被同时关进监狱三年，三个人分别是官二代、商人和富二代。监狱长答应要满足他们每人一个要求。官二代爱抽雪茄，要了三箱雪茄；富二代最浪漫，要了一位美丽的女子相伴；而商人则说，他要一部能够和外界沟通的电话。三年过去了，官二代第一个出来，他的三箱雪茄抽完后，依旧孑然一身。第二个出来的是富二代，只见他的手里抱着一个小孩子，身边的女人肚子里还怀着一个。商人出来后，则激动地握着监狱长的手说："这三年来我每天都和外界保持着联系，我的生意不仅没有停止，反而增长了两倍多，我送你一辆豪华轿车表示感谢。"

生财有道

俗话说：种瓜得瓜，种豆得豆。精明的商人善于理财，于是就得到了财富。这就是所谓的"你不理财，财不理你"。三年的时间，说长也不长，说短也不短，在监狱的三年时光里，商人的财富居然能增长了两倍多，这就是理财的神奇力量。

"你不理财，财不理你。"这句话既形象又简洁，且得到了绝大多数人们的认可，因为大家已经逐渐意识到了理财的重要性——要想让财来"理"你，必须主动去"理财"。

没有人不喜欢财富，可是财富却不一定喜欢每一个人。如果说赚钱靠的是能力和机遇，那么理财则需要凭借智慧和眼光。老一辈常说："吃不穷，穿不穷，算计不到要受穷。"不管是个人还是家庭，小到一家企业，大到一个国家，理财往往比赚钱更重要。

常言道："君子爱财，取之有道。"每个人获得财富都需要付出劳动，包括体力劳动和脑力劳动，挣的钱越多通常意味着越有能力，也就越能得到他人的尊重以及社会的承认。

有些人工作能力很强，但对该如何对待财富却一无所知。他们只知道将财富用在吃喝玩乐上面，完全没意识到有什么问题。其实，真正精明的人都懂得将财富用在学习和投资上面。如今，理财早已不是什么新鲜事，似乎每个人都懂一点儿，每个家庭基本上也都会做一点儿理财，但想真正做好理财却并不是件容易的事，其中蕴藏着很深的学问。在理财路上需要精打细算，这样才能让自己的生活越过越好。

当然，有一些人在理财时有这样的感觉："财不理还好，越理反而越少。"这是由于全球经济持续不景气，有许多投资者过于激进，抱着一夜暴富的目的，将所有的金钱和时间一股脑儿全部用在投资上。遗憾的是，统计数据告诉我们，能够侥幸通过这种投资方式致富的投资者还不到10%。比如，最近一两年里，有无数的股民将资金投入股市而被深套其中，大受其苦。对这些人来说，财确实是越理越少了。由此可见，理财也要讲究思路和方法，思路、方法不对，最后也只能是南辕北辙。要么过于冒进，欲速不达，要么就要承担太大的风险；又或是不能坚持原则，或是在决策上犯了错误，最后只落得个竹篮打水一场空，前功尽弃。

所以，要想让财理你，必须要正确理财。我们应该建立正确的理财观念：理财绝非一朝一夕之功，而是一生一世的事。理财就是把鸡蛋放进不同的篮子，但是其中至少要有一只是铁篮子。理财也是一种平衡的艺术，我们需要在激进与稳健、收益与风险、开源与节流之中找到一个最佳的平衡点。

从广义上说，人们把对财富的追求统称为理财，落实到具体的行为上大致有以下三种方式：博彩、投机和投资。

有心理学家的研究表明，买彩票可以让人在无形中处于一种轻松的兴奋之中，让人累积很久的心理压力得以缓解。可是从统计学的角度看，想要靠博彩发大财的概率是极低的。传说古埃及有位法老名叫约瑟夫，他在年景好的时候囤积了大批粮食，然后在年景不好的时候再以高价将其投入市场，这也许就是人类历史上最早的投机行为。关于何为"投资"，价值投资的代表人物格雷厄姆是这样定义的："根据详尽的分析，使本金的安全和满意的回报有保证的操作。"

但凡有一些理财经历的人，通常都会明白，博彩讲的是运气。而理财行为的定位不同，会导致操作策略的差异，可能是定位在投资基础上的投机，也可能是定位在博彩基础上的投资。理财行为的结果也正取决于个人的综合素质。

在这个经济飞速发展的时代，现在的年轻人刚毕业工作几年就可以买房买车。然而随之也引发了新的问题：因为房子和汽车都是通过贷款买的，于是人们为了还房贷和车贷，就只能更加拼命地工作。这是一个财富的时代。现代人可以比我们的祖辈和父辈挣到更多的钱，但与此同时，也比祖辈和父辈面临着更多的支出：偿还贷款，支付养老、医疗保险，孩子的教育支出，还有各种名目繁多的税收，等等。在这种种开支之后，如果手头还能剩下一些钱，那么，该如何让这些钱保值和增值，又是一个值得我们深思的问题。

专家点拨

> 　　由于个人理财观念的差异和理财水平的高低，在同样的收入情况下，不同人的生活水平却可以有天壤之别。在现代社会，理财收入已经逐渐成为人们收入的一个重要组成部分。因此理财早已不仅仅是一个财务计划的问题。如果你想让自己的财产保值，并且能够产生更多的收益，就一定要学会理财。

别死等着涨工资，理财比赚钱更重要

　　赚钱和理财，都是我们积蓄财富的重要手段，两者相辅相成，缺一不可。

财富故事

　　黄兮今年29岁，是上海素初化妆品有限公司一名普通的出纳员，她每月的工资收入是4500元，日常生活的各项支出平均每月大约是1000～1500元。由于家庭经济条件不太好，黄兮的生活一直很节俭。尽管她的收入并不算高，可是自从她参加工作以后，每个月都至少能够省下1/3的薪水将其存进银行，作为定期存款。

　　工作5年以后，黄兮积攒了大约10万元的存款。后来，她听从银行理财专员的建议，又开始定期定额地买进各种基金，收益的金额也随着投入的增大而稳步增加。按照复利计算，假如保持这个收益趋势继续下去，再过几年，黄兮就能够至少拥有100万元以上的固定存款。

　　现在，黄兮最大的兴趣爱好和生活动力就是研究如何更好地理财。如今的她既有钱又有闲，年轻、美丽、大方、活力四射，身边的朋友们都觉得她浑身充满了魅力。这就是理财带给她的收获与快乐。

生 财 有 道

绝大部分人都属于工薪阶层，他们每天为了生计奔波劳碌，但日子却又总是过得紧巴巴的。如果想要改变现状就得加倍努力地工作，只为了能让自己那点微薄的薪水能够提高那么一点点。

升职加薪固然很重要，可是我们更要知道，获得财富的方法并非只有这么一个。而且，无论你的工资增加了多少，如果不懂得理财，也只会盲目地挥霍，根本无法积聚财富。尽管我们都十分清楚，增加存款的两种基本方法就是增加收入和减少支出，然而却极少有人真正做到这两点。绝大部分的人都不能有效地管理自己的收入和支出，更多的则是冲动消费。对于这些人来说，理财似乎是一件麻烦的事。其实，这只是因为他们还没有掌握理财的技巧，如果我们懂得理财，一切就会变得简单。

对于理财这件事，我们首先应该有一个正确的认识：在金钱方面，我们有多少关心，就会有多少回报。聚沙成塔，哪怕是再小的回报，只要积累起来，也会是一笔可观的收入。而我们如果将这笔收入再拿去进行储蓄和投资，就会获得更多的钱。记住，永远不要把财富交给运气，因为从来就不存在什么一夜暴富的神话。

我们与其寄希望于中彩票之类的小概率事件，还不如勤勤恳恳地工作，寻求一些更靠谱的方法。其实，对于一个普通的工薪族而言，真的想要理财的话，并不一定非得把自己搞得那么窘迫，甚至也不需要一天天过着紧巴巴的日子。

我们想要获得财富无非有两种方式，一种是通过为别人工作，也就是靠打工来创造财富，另一种方式就是投资。很显然，通过投资获得的回报比打工要高得多，但同时风险也更高。正因为如此，在许多工薪族看来，这种方法并不靠谱。他们通常认为，只有通过踏踏实实地工作来获得相应的报酬才是最好的方法。

然而，你们有没有想过，我们通常所熟知的那些富人们，无一不是凭借投资才获得巨大财富的。例如著名的股神沃伦·巴菲特，位列世界顶级富豪榜，而他的全部财富都是依靠投资而得来的。由此可见，投资是获得财富的一个重要途径，因为通过固定的薪水而获得的财富是十分有限的。

要想真正拥有财富，我们就应该把眼光放得长远一些，不能目光短浅地只盯着眼前的这一点微薄的薪水不放，应该要认真地考虑一下投资这件事。既然投资也是获得财富的重要途径，为什么大部分人还望而生畏呢？也许有的人会说，投资比打工的技术含量高，如果我们没有相应的特质和条件，那么还是打工比较稳妥。一旦你开始这样想，那你就注定要与财富擦肩而过了。

其实，投资是每个人都可以做的，甚至可以说是每个人都必须做的事情。决定我们财富水平的关键因素并不在于我们为自己工作还是为别人工作，而在于我们是否进行了有效的投资。美国通用电气公司的前任总裁杰克·韦尔奇，人称"打工皇帝"，因为他的年薪超过了千万美元，在广大工薪阶层的眼里，其打工生涯无疑已经算是极为成功了，可是，他的财富如果和凭借投资而跻身世界顶级富豪之列的巴菲特比起来，仍然微不足道。

巴菲特曾经说过这么一句话："我们一生之中所能积累的财富，不在于我们能够赚到多少，而在于我们如何投资理财。"他的这个观点获得了许多人的认同，亚洲首富李嘉诚也说过类似的话。他认为，在20岁之前，人们应该努力凭借自己的双手去挣钱，过了20岁，就要在挣钱的同时存钱，而一旦到了30岁，就应该凭借投资去理财了。

换句话说，我们在30岁以前可以凭借自己的智慧和勤劳赚取财富，但是过了30岁以后，我们就要学会用钱去生钱。当然，理财没有绝对的年龄限制，但早一点开始理财，我们就有可能早一点积累更多的财富。尽管投资有风险，但是我们应该明白，机遇永远是和风险并存的，有机会总比没机会好。

专 家 点 拨

> 不要再可怜巴巴地等着老板给你涨工资，只有学会理财，学会投资，我们才能走上真正的财富之路。

控制消费欲望，别再做"月光族"

每个人都曾梦想过有朝一日能成为"富翁"，可是理想很丰满，现实很骨感，现实中，绝大多数年轻人非但没有成为富翁，更多的还成了"月光族"，很多人甚至还要贷款负债消费，成了"负翁"。尽管从表面上看起来，"月光族"的日子舒适、潇洒，可是一旦哪一天他们突然失去了经济来源，就会立即陷入走投无路的窘迫，因为他们的手里没有多余的资金。这样窘迫的状况经历多了，这些"月光族"才慢慢开始意识到问题的严重性，才开始思考适合自己的理财方案。

财 富 故 事

小赵和小刘是大学同学，毕业后两人在学校的所在城市各自找到了一份工作。小赵做的是产品策划，月薪4000元左右；小刘则在一家广告公司里当普通的职员，每个月的底薪只有2000多元。如果单从他们的月薪来看，大部分人很自然地会认为小赵的生活水平肯定比小刘要高。

不过，事实却恰恰相反。小赵虽然工资比较高，但他每个月的支出也很高，他平时总喜欢呼朋唤友，喝酒聚餐。因此，每个月发下来的工资，在扣去了房租和生活费等一些固定开支以后，到了月底就几乎已经被他挥霍殆尽了。有一次小刘和小赵聊天，说起自己打算买辆车，小赵这才猛然意识到，自己居然当了这么长时间的"月光族"，毕业这么多年来，自己的手中竟然连一点儿存款都没有。

就这样，虽然小刘的收入只有小赵的一半，却比小赵提早实现了买车的梦想。

生 财 有 道

在如今的社会，消费观念不断提高，年轻人的手上有好几张信用卡也不算什么新鲜事了。他们在刷信用卡消费的时候，与支付现金时相比，少了那种心痛的感觉，因此信用卡在无形中刺激了他们的消费欲望，增加了许多原本不必要的消费支出。然而，当他们收到每个月的信用卡账单时，就开始头疼了，因为他们的手上没有足够的资金来偿还账单，因此，很多年轻人就这样变成了不折不扣的"卡奴"、名副其实的"月光族"。

普通人一般都只拿着固定的工资，为什么有的人就能做到理性消费，从容不迫，而"月光族"却因为超支消费过得焦头烂额？原因紧紧扣在"自律"二字上。唯有在金钱面前保持高度自律，用强大的意志力管控住自己，才能始终保持精神自由，甚至进一步实现财务自由。遗憾的是，"月光族"显然不在此列。

国外有一对夫妻有一个共同的生活习惯：每天喝一杯拿铁咖啡。他们的理财顾问注意到了这个细节后，给他们算了一笔账：一天一杯拿铁咖啡，持续30年的话，大约需要花费70万元。夫妻俩面面相觑，盯着这个庞大的数字久久回不过神来。

后来，作家兼金融顾问大卫·巴赫根据这个故事提出了一个流传甚广的概念——"拿铁因子"。它指的是人们若能将每日的零散消费聚积起来，这个数字将会越滚越大，直至超越他们的想象。大卫甚至说，靠着自制力，普通人也可以成为百万富翁。

"月光族"身上往往背负着沉重的"卡债"，总是奔波在"拆东墙补西墙"的路途中，活得狼狈而迷茫。而让他们陷入这种糟糕境地的，是脆弱的意志力和一击即溃的软弱性格。

自控力对于他们而言，仿佛只是一时的行为，失控却是常有的状态。因此，"月光族"想要实现财富逆袭，就一定要锻炼自己的自律能力。要知道那些让人羡慕的成功者，都曾有过这方面的苦练，这是他们能够超越众人的原因。

通过长期的训练，你会逐渐习惯运用意志力来抵抗消费的快感，从此摆脱"月光族"的称号，慢慢成长为梦想中的自己。除此之外，"月光族"在财富逆袭的路上，还需注意以下几点：

首先，牢记"三分之一原则"，将强制储蓄坚持到底。储蓄应该是长期的行为，"三天打鱼，两天晒网"最不可取。你要做到每个月都往自己的银行账户里存入工资的三分之一，绝不给自己留下任何冲动消费的机会。如果你的工资是一万，那么每月应至少存入三千元。

其次，制定理财目标。有的人站在琳琅满目的商品前，心理防线容易被击溃，原因正在于他们缺少清晰明确的理财目标。充斥于他们脑海中的通常是这样的想法："反正我也没多少钱，花光了也不可惜。"随着自律的承诺屡屡被打破，"月光族"就此诞生。

为了改变这种情况，你不妨给自己设置清晰的理财目标，比如说两年之内实现买车梦，五年之内实现买房梦。当目标沉甸甸地压在心头时，你冲动消费的次数就会慢慢减少。

另外，时刻警惕"小资"的噱头。在物质繁荣的今天，"小资"往往成为商家最好的武器。普通的商品经过商家的包装立马变得高大上起来，它们掏空了你的钱包，却只带给你虚假的满足和快乐。"月光族"常常陷入这样的陷阱，而自律的人却能看清"小资"背后的真相。

最后，"月光族"还可借助靠谱的理财平台来完成强制储蓄。比如说，普通家庭在经过仔细权衡之后，可以购买一些合适的家庭医疗保险。只因个人储蓄带有很大的随意性和不确定性，储蓄的钱财很容易被挪用，而医疗保险的"强制性"则很好地规避了这一问题。

专 家 点 拨

　　其实，很多人之所以会成为"月光族"，是因为他们不能很好地控制自己的消费欲望，平时如果可以克制自己的消费欲望，尽量少用甚至不用信用卡，就可以攒下一些余钱。再拿这笔余钱去进行投资理财，那么经过长久的积累，这笔资金就会逐渐增值甚至翻番。

理财宜早不宜迟，等来等去悔莫及

　　在刚毕业的时候，同学之间可以说都在同一条起跑线上。然而过不了几年，同学之间的差距就会逐渐拉大，有些人买了房子，有了存款，而另外一些人却依然是"月光族"，一家人蜗居在廉租房里。在现实生活中，这样的例子屡见不鲜。其实，这种差异并不是社会环境造成的，问题在于人们的理财意识。

财 富 故 事

　　周正全是上海裕耕生物科技有限公司的白领，他的收入并不低，自身的家庭条件也不差。但是他大学毕业几年后，还是住在父母家，车子也是父母给买的，他自己则是一点儿存款都没有。尽管父母总是苦口婆心地劝他要为自己存一些钱，可周正全却总觉得自己现在还年轻，没必要这么早考虑那么多。

　　后来，周正全谈了个女朋友，两人恋爱了没多久，就决定结婚了。结婚的钱都是他们的父母给的，连房子也是父母付的首付。结婚以后，周正全的父母本以为小两口组建了家庭以后，会懂得存钱，没想到他俩都是"月光族"，都觉得目前的家庭没有什么后顾之忧，也就完全感觉不到存钱的必要性。

一直到妻子怀了孕，小两口这才意识到理财有多重要。孩子出生以后，两人开始努力赚奶粉钱，为了多挣点加班费，周末还要跑到公司加班。再看看周围的同事们，不仅基本上不用加班，而且没事就出国旅游度假。这时候周正全才后悔莫及。

生 财 有 道

现实告诉我们，凡事都要从实际出发去考虑问题，无论在什么时候，我们都应该未雨绸缪，为自己的明天考虑。毕业工作了几年之后，有些"啃老族"还在一直向父母伸手要生活费，而另外一些人却已经为自己积累了一笔不小的存款。当别人还在积累原始资本的时候，他们已经开始用原始资本进行投资了，这种差距是决定性的。

所以说，投资要趁早，而且是越早越好。国外的许多家长很注重孩子的财商教育，往往在孩子很小的时候就开始培养他们的理财意识。比如股神巴菲特在很小的时候就开始打工挣钱，10岁的时候就已经开始投资股票了。凡事快人一步，才能抓住时机，犹豫不决，等到看别人一拥而上时，再想付诸行动，那时往往已经太迟了，只能捡些别人抢剩的残渣了。

比找不到机会更糟糕的是，当机会到来的时候我们却还没有准备好。理财这件事真的是宜早不宜迟。和那些从小就建立起理财意识并开始积累原始资本的人比起来，从来都不理财的人就早已经输在了起跑线上。

换个角度说，理财不仅仅是指狭义上的投资和储蓄，从广义上说，它还包含对日常生活开销的合理分配，也就是做好收支的预算。那么，什么样才是好的预算呢？首先，它不应该限制束缚你的行动；其次，它应该不会让你盲目乱花钱。有了预算，才可以让我们更好地花钱，这是理财最重要的一点。

很多人入不敷出并不是因为他们挣的钱太少，而是因为他们不会对自己的开支进行规划，不懂得理财，所以在经济上就变得越来越窘迫。如果我们能够对自己的金钱进行合理的规划和支配，那么除了能让自己生活得更加游刃有余，还可以让我们省下一些不必要的花销用在投资上。

其实，做一份理财计划并不难。总的来说，需要做好以下几点：

首先，记录自己的每一笔开支，只有对自己的支出有个彻底的了解，才能找到自己在消费上的问题所在，从而改进自己的计划。如果我们连应该在哪些方面减少开支都不清楚，也就不可能做到节约，即使节约了，也往往并不是在正确的地方省下钱。举个例子，我们可以列出一些固定的开销，如房租、水电费、伙食费和电话费等等，除此之外，还有一些必要的开支，例如日常应酬，还有交通费和医药费等等。当然，这些开销项的金额因人而异，要根据各自的实际情况制定。

其次，我们还要预留一部分存款。理财专家建议，尽管物价一直在上涨，但是只要我们可以省下收入的1/10，那么几年以后，我们的生活也可以宽裕很多。除了把这笔钱存起来，还可以用作投资。另外，除了存款以外，我们还应该准备一笔应急资金。这样，在发生紧急意外事件的时候，我们就不至于惊慌失措。

最后，我们还有必要去学习一些保险的相关知识，保险也是越早买越划算。这样，当你遇到一些意外的情况时，也能够让保险公司替你承担一定的风险和损失，帮你更快地渡过难关。

当然，理财涉及的知识很多，远远不止以上这几方面，不过，不管你的理财计划是什么，都要记住这句话：理财赶早不赶晚。

专 家 点 拨

理财这件事重在行动，绝对不能一等再等。如果我们总是想着自己还年轻，理财的事以后再说，一直在等待，机会就在不知不觉间从我们的身边溜走了。

"穷忙族"会理财，让自己的钱包鼓起来

说到理财这事，很多人可能会不屑一顾，觉得解决温饱才是最要紧的，所谓"理财"，只有那些有"闲钱"的人才会关心。毕竟对于他们来说，在工资不高的情况下，把所有的时间拿来拼命赚钱都还嫌不够用，哪里还有"闲情"和"闲钱"去理财呢？

遗憾的是，这种想法是错误的。如果你整天忙忙碌碌，却连一点儿理财的想法和行动都没有，那么你到头来也注定只能是个"穷忙族"。

财 富 故 事

在上海杉美化妆品有限公司里有两位员工，一位叫朱冉，是公司合伙人兼项目经理，另一位叫吴利，只是基层的一名普通员工。

朱冉每天上班的时候总是很轻松，打打电话，开开小会，和同事谈笑风生，到了月底却总是赚个盆满钵满。而吴利呢？每天一上班就忙得团团转，事情无论如何都做不完，可是到头来工资却仍不过是朱冉的一个零头。这让吴利心里感到十分不平衡。

其实，朱冉和吴利是大学同学。在上大学的时候，吴利的学习成绩甚至比朱冉还好，然而，如今的这种状况让吴利觉得难以接受。

在一次大学同学的聚会中，吴利酒后吐真言，把心里的不满向同学一股脑儿地倒了出来。同学听完以后，问道："你们两个刚进公司的时候不都在同一条起跑线上吗，你有没有想过他升职那么快的原因是什么？"

吴利愤愤不平地说道："还不是他在业余时间搞投资挣了钱，入股了公司，不过就是走了狗屎运而已嘛。"

同学又追问道："那你为什么不这么干呢？"

"我当时还是实习期，满心想着公司的业务上有好多需要学习的，

哪有时间去做这些闲事啊！"

同学听了，无奈地叹口气道："唉，你就是闲事干太多了，才会落到今天的境地啊！"吴利听后，不由得也陷入了沉思。

生 财 有 道

看了以上这则小故事，不知道你有什么感想，是否也心有戚戚焉。确实，在很多时候，我们都觉得自己整天忙个不停，但到头来却发现自己把大部分精力都用错了方向，就这样我们成了不折不扣的"穷忙族"。

所谓的"穷忙族"，简单来讲就是指那些整天入不敷出的普通工薪阶层。而且在某种程度上，"穷忙族"的境况比"月光族"还要窘迫得多。月光族们的收支多少还算是基本持平，而穷忙族则往往是忙来忙去一场空。明明收入也不算低，却依然始终挣扎在温饱线上，手头没有一分"闲钱"。只要你注意观察，一定能发现身边有不少这样的人。

对于许多现代人来说，"忙碌"已经成为贴在身上的标签，同时也是他们真实生活的写照。每个人似乎每天都在一刻不停地奔跑，可是无论怎么忙，却依然没有什么积蓄，于是，享受生活渐渐成了一种奢望。很多人在社会上打拼了多年，蓦然回首，却赫然发现自己的生活状态和自己当初刚刚步入社会时并没有什么差别，除了年龄和工作经验在增长之外，钱包依然空空如也，而且，由于家庭的负担越来越大，经济状况甚至比以前更加窘迫。

我们如此忙碌却如此拮据，可身边另一些人的经济状况比我们好得多，每天过着优哉游哉的清闲日子。相信有很多人会感到迷茫：难道我们的勤奋和努力就这么一无是处吗？又或者是这个世界原本就是不公平的吗？

这种思想的误区在于，只知道挣钱却从来不去考虑如何积累财富。在钱包越来越瘪的情况下，我们不应该一味地去增加自己的工作量，而应该反过来，停下忙碌的脚步，思考一下出现这种情况的原因所在。我们是否把太多的时间和精力花在错误的方向上了呢？

不管你是有钱还是没钱，理财都是第一要务。甚至可以说，没有钱的人更应该去理财。

由此可见，树立理财观念是至关重要的。在很多时候，我们更应该关心把钱花在哪里，一个人假如不懂得理财，即便有再多的钱，也禁不住他无计划的挥霍，而懂得理财的人，则会聪明地让钱"生钱"，永远也不会让自己身处窘迫的局面。

专家点拨

在人的一生中，总是难免会遇到各种各样的挫折与困难，我们都知道一个道理：金钱不是万能的，但没有钱却是万万不能的。只有未雨绸缪，学会理财，才能避免让自己陷入窘境，让自己的钱包鼓起来！

有钱需要理财，没钱更需要理财

对于许多月光族来说，理财从来就是一件遥不可及的事，这是因为他们根本就无财可理。他们每个月发了工资以后，大部分都花在了住宿和日常的生活开销上，除了剩下一点点微不足道的零花钱之外，基本没有闲钱可以支配，又能如何理财呢？理财这件事对他们来说太奢侈了，还是等有了闲钱再说吧。

可实际上，"等我有了闲钱再说"这句话只是我们逃避理财的一种借口，是一种缺乏理财意识的表现。钱在手里，无法进行有计划的分配，成为月光族也就一点儿都不奇怪了。其实，人们手里没有钱的真正原因并不是收入低，而是缺乏理财的观念。

财 富 故 事

黄俊强在上大学时就是一枚标准的学霸，毕业后他凭借着自己的能力找到了一份令人羡慕的好工作。自己租了一间单身公寓，天天打车上下班。而此时，他的其他同学还在住着合租屋、挤公交车、吃快餐。

自从离开校园，迈入社会以后，黄俊强就被城市那些灯红酒绿的生活迷了眼睛，虽然他挣得多，但花得更多。然而他并不觉得这有什么问题，因为他相信自己的未来只会越来越好，所以在生活上他从来不委屈自己，能享受就享受，从来不存钱。

后来，他终于步入了婚姻的殿堂，结婚收到的份子钱在支付了婚礼的各项开支之后还剩下一部分。他的妻子提议把这笔钱先存起来，但是黄俊强却二话不说就用这笔钱和妻子来了一次蜜月旅行。没想到，结婚后没多久，黄俊强的妻子就得了一场重病，生命垂危，需要做一场大手术。黄俊强无奈之下只能四处借钱筹款，好不容易才把做手术的钱凑齐了。

在做了手术之后，尽管妻子的命是保住了，可是术后调养的费用也不是一笔小数目，加上为了凑钱还欠了一大笔外债，此时的黄俊强手上没有一点儿存款，于是只能拼了命地工作。长时间的高强度工作加上巨大的精神压力，让黄俊强很快也积劳成疾。由于工作状态不佳，导致他的职业生涯也受到了很大的影响。就这样，昔日风光无限的精英，终究过成了一副穷困潦倒的模样。

生 财 有 道

我们永远无法预知明天会发生什么。为了应付未知的未来，我们应该未雨绸缪，提前预备。如果我们像上面故事中的黄俊强那样，一点儿存款都不留，那么当生活中发生意外时，很可能会像他一样手足无措，甚至有可能被一个小灾难击倒，造成人生永远的遗憾。

从这个角度来说，钱越少我们就越应该理财。因为金钱和我们的生活息息相关，我们手头持有的钱越少，就越需要仔细清点，量入为出，合理分配，这才是解决"月光"问题的根本之道。

反过来，如果我们因为钱少而不愿理财，那么到了真正需要用钱的时候，我们就会陷入更加窘迫的境地。

有钱人固然需要好好理财，穷人更应该为自己的未来做准备。因为在遇到困难时，富人可以支配的钱要比一般的工薪阶层多得多，因此我们更应该对自己的每一分钱做好规划，做好长远的打算。

如果我们一味地想等有钱以后再去考虑理财的事，那么在我们成为有钱人之前，一旦有意外变故来袭，就很可能无法应付。我们应该相信，有钱人之所以成为有钱人并不是偶然的，他们的钱也是靠积累得来的。因此，钱多钱少并不是最重要的，关键问题在于怎么去使用。

那么，作为一个手上没有什么钱的理财小白，在一开始接触理财的时候，有哪些需要注意的事项呢？

首先，我们应该明白投资要有重点。有些人信奉"鸡蛋不能放在一个篮子里"的原则，因此喜欢分散投资。然而我们需要考虑现实问题，既然可供我们支配的钱并不多，那么投资就应该有所侧重。

其次，我们还要学会判断大势，没有人可以躺着赚钱。投资和工作一样，需要用心去分析。有的时候，观望是有必要的，但我们也不能一味观望而迟迟没有行动。此外，我们还需要明白：投资有风险，理财需谨慎。在理财方面，求稳本无可厚非，但我们还要兼顾收益，过分保守地一味存钱是很难让钱生钱的。

再次，理财要求我们把眼光放长远，切忌盲目跟风，也不能急于求成随大流。在理财的时候，我们要时刻牢记自己才是财富的主人，千万不要被财富所驱使，做财富的奴隶。

专 家 点 拨

> 我们一定要明白这个道理：理财这事不能等，有钱需要理财，没钱更需要理财。

理财的时间越长，收益就会越高

理财需要正确的心态和理性的选择，选择长期持有基金，发挥复利的"魔法"，在时间的作用下，就可以实现财产的增值翻番。理财还需要有耐心，要长久地坚持下去。

财 富 故 事

小王是陕西福莱思药业有限公司的部门主管，由于他家境不错，所以从小到大一直都没有什么理财的观念。参加工作以后，尤其在生活上遇到了多次的财务危机后，小王才开始有了理财的想法。起初，他先是选择把钱存到银行里，但是银行的利息很低，小王觉得很不甘心。

后来，经过朋友的介绍，小王开始做基金定投，尽管基金的利息达不到小王的预期，但他最终还是坚持了下来。他觉得反正每个月投个几百块钱，就当是存个零花钱了。平时小王工作也忙，他也没怎么关注自己购买的基金。就这么过了五年，小王打算买房结婚，但是发现自己手上的钱还差着几万块。正在一筹莫展之际，他突然想起了自己的基金。小王在查询了自己的基金账户以后，不由得大喜过望，他基金账户中的钱竟然正好可以帮他凑足购房款！小王就这样轻松圆了自己的买房梦。

生 财 有 道

许多上班族都难免会遇到这样的情况：自己的工资本来就不高，

口常的开销又少不了多少，即使省下一些钱去投资，但投资金额低，收益自然也就不高。因此很多上班族认为投资纯属浪费时间，只有那些真正明白理财意义的上班族才能坚持下来。事实上，理财只有长期坚持才能有好的效果。举个简单的例子，假设一年的理财收益是1万元，那么只要坚持20年，收益就是20万。而且实际上，如果按复利计算的话，收益将远远超过这个数字。所以说，理财重在坚持，时间的积累可以成就我们的财富梦想。

一说到理财，许多人首先联想到的就是一夜暴富。其实这种想法并不正确，世上并没有什么一夜暴富的神话，就好比有的人看似一夜成名，但其实在那之前，他已经为此准备了很长时间。理财也是这样，积少成多，从一点一滴开始，慢慢地像滚雪球一样越来越大，才能最终实现人生的财务自由，实现人生各阶段的目标和梦想。

在人的一生中，有很多时候都会需要资金，例如结婚买房、养育孩子、赡养父母、缴纳孩子的教育费用以及养老支出等等，都需要大量的金钱。如果光靠工资，显然难以支撑这么庞大的开支，因此我们必须学会投资，而投资这事最需要持之以恒。假设你现在离退休还有30年，你计划在自己退休以前攒下一笔30万元的养老金，这时你会怎么做？

唯一的办法就是攒钱。其实，攒钱并不难，因为即便是选择收益最低的银行存款，你也只需要每个月存800元就够了。而如果选择其他的投资方式，那么你每个月需要投资的钱还会更少。你唯一需要做的只是把这个过程坚持30年而已。对于普通的工薪阶层而言，每个月攒下几百元并不会有很大的困难，但是30万对于上班族来说就是一笔不小的数目了。由此看来，理财就是一场持久战，只有长期坚持下去，才会获得更多的利益。

现在，市场上理财产品的品种越来越多，每个人都可以根据理财规划师的建议，选择适合自己的理财产品，然后长期持有，让理财成为生活的一部分。只要坚持不懈，持之以恒，久而久之，你就会突然发现自己的资产在不经意间已经增长了几倍，远远超出了你的想象。

专家点拨

理财是需要时间的，财产的增值和翻番也要依靠时间才能实现，因此，当你决定开始进行投资，首先就要做好长期持有的心理准备，因为理财的时间越长，收益就会越高。世界著名的投资大师巴菲特曾经一度超越比尔·盖茨成为世界首富，他的秘诀就是长期持有理财产品。连股神巴菲特都可以等，你还有什么理由不能等呢？

第二章

储备投资知识，攻防兼备与风险共舞

投资既不能不管不顾盲目地"一头栽进去"，也不能毫无准备就"轻装上阵"，而是要先为大脑"充电"，让自己掌握投资常识，再选取适合自己的方式进行投资。任何人想要通过投资获取财富，都必须具有相应的投资常识，这是进行良好投资活动的必经之路。如果说投资所能为你带来的财富是一个难以想象的巨大宝藏，那么投资常识就是你开启这价值惊人的宝藏的钥匙。

复利的惊人力量：让财富"滚雪球"

有人把复利誉为世界第八大奇迹，因为它蕴含着财富快速增长的秘密。让我们来做一个小小的实验：拿起一张纸，对折，对折，再对折……一般来说，这样的对折无法超过 8 次。假设你可以就这么一直对折下去，那么对折了 50 次以后，你知道手上的那张纸已经变得多厚了吗？它的厚度足足有地球的直径那么长了！你敢想信吗？这就是复利的威力。

财 富 故 事

传说国际象棋的发明者是一位古波斯的大臣，当他把这项新奇的游戏献给国王后，国王十分痴迷。当时国王正在与敌人作战，战况正处在关键阶段，双方正僵持不下。最后，两国决定通过下一盘国际象棋来一决胜负。最终，国王赢得了这场战争的胜利。国王为此非常高兴，决定重赏这个发明国际象棋的大臣。

当国王问大臣想要什么赏赐时，大臣指着自己发明的棋盘说："我只想要一点微不足道的奖赏就可以了，请陛下在第一个格子里放上一粒麦子，第二个格子增加一倍，放上 2 粒麦子，第三个格子再增加一倍，放上 4 粒麦子……以此类推，一直到把棋盘上的 81 个格子都放满麦子，赏赐给我就行了。"国王听完后，哈哈大笑："你这要求也未免太低了吧！"便不假思索地答应了大臣的要求。然而，国王很快就笑不出来了，他突然发现，按照这样的摆法，即使他把国库里所有的粮食都搬出来，也连 1/100 都不够。因为乍一看，大臣的要求好像起点特别低，一开始只要一粒麦子，但是越到后来数字越大，经过若干次翻倍后，很快就变成了一个十分庞大的天文数字。

生 财 有 道

在复利的"魔力"下，一个原本微不足道的起点，会迅速发展到超乎想象的地步。

那么，究竟什么是复利呢？简言之，所谓的复利就是复合利息，俗称"利滚利"，它是指本金的收益还可以再次产生收益。而利息则是指一定的资金在一定时期内的收益。借款人在借入资金使用一定时间后需要向放款人支付一定的报酬，也就是利息。计算利息有三个基本要素：本金、利率和时期。所谓的本金就是借入的资金，本金的使用期间称为时期；在单位时期（如年、季、月等）内单位本金（如每千元或每百元）所赚得的利息，称为利率。利率通常用百分率（％）或千分率（‰）来表示。利息的多少与这三个要素成正比关系：本金的金额越大，利率越高，存放的时间越久，利息也就越多；反之，利息就越少。

计算利息有两种不同的方式：单利和复利。单利是只在原有本金的基础上去计算利息，至于本金所产生的利息，则不计算利息。用公式来表示就是：利息＝本金×利率×时期。而复利的计算是对本金及其产生的利息一并计算利息，也就是俗称的"利滚利"。复利计算的特点是把上期末的本金加利息作为下一期的本金，在计算利息时每一期本金的金额都是不一样的。

所谓"追求复利"就是当一笔存款或者投资在获得回报以后，连本金和利息一起再重新进行新一轮投资，如此反复循环。与此相对，单利则是只计算本金的利息，没有"利滚利"的过程。这两种投资方式带来的收益相差巨大，但却很容易被一般人忽略。

假设你有一项投资每年的收益率能达到20％，你的本金是1万元，按照20％的收益率计算，50年后你的收益是10万元，而如果是计算复利的话，50年后你的收益将超过9100万元。这就是复利和单利带来的巨大差异。

通过以上的例子，我们可以看到时间在复利当中的重要性。因此，财富的积累不仅仅关乎金钱，更关乎时间。理财可以不投入很多的钱，但一定要加上很多很多的时间。

复利带来的喜悦只有通过理财才能获得。如果仅仅依靠简单的劳动和工作，你就没有机会获得复利。以前，人们形象地把钱生钱的生意比作"驴打滚"。想象一下，假设你的本金可以有5%的复利——这样的收益率并不算高，可是按照这个收益率计算复利，只需要12年，本金就可以翻倍。复利的计算公式非常简单，人人都能看懂，只是有多少人能真正按照这个公式去理财呢？

如果你想要利用复利效应赚钱，你还必须适时止盈，同时又要合理地将获得的收益加入本金里进行"再投资"，这样才能产生"利滚利"的效果。这就要求我们的投资获利方式一定要持续、稳定。因为，如果我们把投资过程分段来看，会发现假如在第一段时间里你赚了10%，可是在第二段历程中却亏了50%……这样的投资过程最终想要获利都很难，更不可能收获复利。一旦你在选择股票或时机等方面犯下了错误，让你的投资收益变得不稳定，你就注定无法达成预期的复利效应。

由此可见，你作为投资理财的主体，一旦开始了投资，时间就是你最好的朋友。当然，追求复利也有可能会亏损，没有谁敢保证自己的投资只赚不赔。因此也有人说："既要理解复利的重要性，也要理解复利的艰难。"如果你想要一直"复利下去"，就一定要牢记复利的三要素：投入资金的数额、实现的收益率情况、投资时间的长短。

有人可能会认为，在投资过程中，只要绝大部分的年份"整体"收益率都还可以，那么即便个别年度出现了亏损，问题也不会太大；只要不出现重大亏损，自己的长期收益率应该都会不错。其实，这类看法都是错误的。实际上，对长期投资者而言，重大亏损导致的"负复利"会造成非常大的伤害。所以，初次投资者应该建立风险意识，切记"不要亏钱"才是投资的第一原则。

专家点拨

　　许多年轻人在刚参加工作时对复利不甚了解，因此在投资的时候可能会选那些收益比较大的项目。然而收益大的项目往往伴随着较大的风险，一不小心就可能亏个精光。因此，作为投资新手，一定要牢记"不要亏损"的原则，并且一定要坚持长期投资。只有这样才能让复利发挥它最大的效应，从而让你的收益最大化。

留足安全余地，富贵"稳"中求

　　格雷厄姆和巴菲特都十分重视"安全边际"的作用，并视其为价值投资的基础。所谓安全边际，就是用保守的态度去对企业的内在价值进行评估，然后将其与市场价格进行对比，从而判断出这一差距的大小。投资者除了要关注当期持有的投资是否被低估之外，还应该去分析为什么会被低估。当市场大幅下跌的时候，往往是价值投资者机会较多的时候，因为在恐慌性的下跌市场中，人们往往都会把注意力放在当前的困难上。

财富故事

　　在18世纪，美国陆军有一位叫普特南的将军，是位参加过独立战争和法印战争的老将。在法印战争期间，有一位英国少将向普特南发起决斗。根据普特南对对手实力和经验的了解，他知道如果两人比射击或格斗，自己的胜算不大。

　　按照决斗的规则，接受决斗的一方可以决定决斗的方式。经过深思熟虑，普特南决定采用另一种决斗方式。他请这位英国少将到他的帐篷里，并说出了他的决斗方式——比谁的胆量大。两个人分别坐在一个连着导火线的炸药桶上，然后让人把导火线点着，先害怕并且移动身体的人为输。

当导火线烧到一半的时候，普特南竟然还若无其事地抽着烟斗，而那位英国少将则坐立不安。眼看导火线就快烧到炸药桶的附近了，英国少将再也无法忍受，一骨碌从炸药桶上跳起来，一脚把导火线踩灭，低头认输。

生 财 有 道

普特南能够获得决斗胜利的秘密就在于将双方一起置于一个灾难的边缘，从而迫使对方认输，这就是典型的"边缘策略"的运用。边缘策略是属于"胆小鬼博弈"的一种。不过，值得一提的是，这场决斗其实是不公平的，因为普特南根本就没有在炸药桶里放炸药，所以他才能那么泰然自若。普特南通过作弊的手段使对方误以为处于灾难边缘，而他心里却知道自己并没有丝毫危险。

在投资方面也是如此，当投资者面临风险的时候，看着自己的资产迅速贬值，如果此时的投资者有安全边际，就可以淡定如常，甚至可以趁机抄底，捡到一些超值的"便宜货"。反之，如果没有安全边际，投资者的心理防线则会很容易崩溃，被迫在低位止损，把手里"带血的筹码"抛售出去。

"安全边际"这个词乍一听，似乎是什么高大上的概念，其实不然，说白了就是寻找价格大大低于价值的物美价廉的便宜货而已。对于我们每个人来说绝不陌生，在日常生活中都会经常使用。

女生在地摊买东西时，为什么要大幅砍价呢？家庭主妇去市场买菜时，为什么也会讨价还价呢？无非都是想买得便宜一些，省点钱。因为俗话说"买的没有卖的精"，万一估不准这件商品值多少钱，那么只要多还点价，也就能少吃点亏。

从本质上看，股市也是一个大商场，只不过在股市里交易的商品都是股票。所谓安全边际原则，其实就和购买物美价廉的商品差不多，就是用低于实际价值的价格买入好股票。用巴菲特的话来说，基于安全边际进行价值投资就是用4毛钱的价格去购买价值1元钱的股票。换句话说就是以4折的价格买入股票，跟你买一件打了4折的商品没有本质区别。通常来说，一件商品的标价和它的实际价值并不相同，同样地，股票过去的价格也并不能代表它的实际价值。投资者在给股票估值的时候，首先要估算这家上市公司的内在价值。

投资者进入股票市场，最关心的问题无非有三个：买什么？何时买？何时卖？当你找到一个好的买点的时候，就已经把卖出问题在很大程度上解决掉了，根据"绝不让已经获利20%以上的投资再度变成亏损"的这一止赢天条，只要在你买入之后收益率在20%以上，理论上你在什么时候卖出都是没问题的。只要你首先做到了不亏损，最后也不过是赚多还是赚少的问题而已。

很多投资人可能都会有这样的感受：很难做到与众不同。许多时候，投资者最大的敌人都是自己。当股价出现大幅上涨的时候，投资人常常会由于贪婪而进行投机，甚至不顾高风险而投入大笔资金去孤注一掷，由于盲目的乐观而忽视了风险。而当股价出现大幅下跌的时候，投资人的情绪又会走向另一个极端：对损失的恐惧让他只会担心股价继续下跌，而根本看不见投资标的的基本面。更有甚者，有些投资者竟然还寄希望于通过应用一个通用的公式去追求成功。

《安全边际》一书的作者卡拉曼曾经说过：我见到过很多这样的投资人，他们平时做事很有责任心，处事稳重，可能平时就连买一台音响都会花上好几天来比较和考虑，可偏偏在投资上有时候会变得很疯狂，经常在短短的几分钟时间里就把自己很多年积累的身家全部投资出去。他认为，失败的投资者很容易受到情绪的控制，对于市场的波动，他们的反应是贪婪和恐惧，而不是理智和冷静。

有些人并不把投资股票看作对资本金一种合理的回报，而是把股市当成不劳而获的挣钱机器。大部分人都喜欢快捷、简单的赢利方式，对于不劳而获的期望可以很容易就调动起投资者内心的贪欲。这种贪婪驱使许多投资者不断地去寻找投资的捷径，希望获得成功。这种贪婪最终也会让这些投资者的焦点从取得长期投资目标逐渐向短期投机转变。

俗话说"富贵险中求"，其实更正确的说法应该是"富贵稳中求"。在投资行为中，只有足够的安全边际才能够保证你在平稳中求得富贵。正如老一辈常说的那样："做事要留有余地。"在投资股票的时候，出价时同样要留有余地。因为你不可能确保自己对股票价值的估计绝对准确，所以在买入价格上留出一些余地，这样一旦你出现错误，高估了股票的价格，也仍然能保证你的买入价格相对于价值而言是划算的，照样能够获得不错的收益。

专家点拨

　　在投资的时候，不要由于贪婪做太乐观的估计，也不要一门心思都在考虑如何赚钱。在如何防止亏损的问题上，更应该多花点精力去思考。一个投资者，在投资一个项目或一项产品之前，首先想到的是亏损，在考虑清楚了自己可承受的最高风险之后再出手，那么这笔投资就会稳妥很多。

不做最后那个傻子，要做最后的赢家

世上所有的投资热几乎都有一个共同的特点：疯狂的增长模式。这种疯狂增长大大超出了正常的水平，但是能够敏锐地意识到其中危害的人却并不多。在很多情况下，假如一件商品被市场一通热炒之后，达到了自身价值的几倍甚至几十倍，这就明显违背了经济学定律，或者说明显有了极高的风险。然而对于一部分人来说，一件表现出"良好上升态势"的商品更加具有投资属性，因为他们始终坚信，最后总是会有别人愿意出更高的价格来接盘。

财 富 故 事

在 2003 年的时候，全国兰花市场异常火爆，各地涌现出各种天价兰花，原本价格只要几块钱一株的兰花在市场包装下，竟然被炒到了几十万元的天价。看到这种情形，老钱按捺不住激动，毅然辞掉自己的工作，还把自己名下的一栋房子卖掉，专职做起了兰花投资生意。他曾一次性花费 15 万元从他人的手里购买了两盆兰花，当时有很多人都认为这太不可思议，都觉得风险太大了，因为明眼人都不难算出一盆兰花的真正价值。然而，对于正热衷于投资兰花的人而言，他们并不会去关心一盆兰花真正的价值是多少。他们之所以愿意花几十倍甚至上百倍的价格去购买那些兰花，并不是因为他们是傻子，而是因为他们坚信总会有人出更高的价格从自己手中购买这些兰花。

生 财 有 道

在博弈学的理论里，有一个专有名词叫"博傻理论"。这个理论最早是针对股票和期货等资本市场的投资策略而提出的，它主要是指人们在资本市场中常常会花费很高的价格去购买某件商品，而无视它的真实价值，原因在于他们预计在他们之后会有一个傻瓜花更高的价格从他们那儿把它买走。因此，有一部分股票投资者就喜欢在上涨时高价买入，即使这只股票已经连续上涨了很长的一段时间。他们之所以甘心成为风险投资中的"傻子"，原因在于他们坚定地认为，只要之后有人会愿意继续购买这只股票，他们就可以安全撤离。

在股市里，先进入的投资者往往会低价买进高价卖出，通过制造差价来盈利，而随后入市的股民买入时的价格就会更高，所以这些股民们面临更大的风险——因为任何股票的价格都不可能无限制地上涨，总会经历涨涨跌跌，到了顶点后就开始下滑到谷底，换句话说，越迟入市，面临亏损的风险就越大。这种情况有点类似我们小时候玩的击鼓传花游戏，位于前面的人往往比较安全，而当接力棒在人们手中不断传递时，风险就会随之逐渐提升，最后的那个接棒者就是那个最倒霉的人。

"博傻理论"的核心思想说白了就是寻找"接盘侠"。资本市场本身就很容易使人陷入狂热，人们也很容易陷入盲目的、冲动的状态。在投资中，冲动和傻都不可怕，因为这个世界上总是会有比你更傻的人。换句话说，在一个盲目的游戏中充当傻子并不可怕，在整个游戏中充当最后一个傻子才是最可怕的。

博傻理论的本质其实就是一种投机策略，一个投资者会做出投机行为的关键驱动力并不是基于投资项目的内在价值和理论价值，而是"还会有下一个傻瓜"的想法。他们坚信，只要能够在市场上找到一个比自己更傻的傻子或一个比自己更大的笨蛋，那么自己仍然会是这个投机游戏中的赢家。当然，如果策略失败，最终没有人愿意站出来接盘，那么他自己就会成为那个最大的傻子。在现实生活中，博傻现象十分普遍。

这种博傻的现象之所以会出现，主要的原因在于投资人对未来的判断是有差异的，当大众的判断出现不一致时，投资行为上的差异也就产生了。例如，在掌握了相关项目的信息以后，有些人会出现担忧和悲观的情绪，而另一部分人在预判形势时则会比较乐观，于是人们投资的策略和行动节奏也就出现了差异。这种差异和不同步会触发市场自身的激励系统，使混乱以一种看似有序的方式存在，于是，市场上出现了每个人都在千方百计寻找下一个傻子的局面。

这种混乱局面可能是投资者无意中造成的，也可能是有意而为之。换句话说，博傻者有可能并不知道自己是傻子，也不知道自己已经身处博傻游戏之中，这类人的博傻行为是感性的。而另一类人则恰恰相反，他们的心里十分清楚自己正在进行的是一项高风险的投机行为，而且他们非常了解博傻的方式和规则，他们会根据当前的形势及时做出判断，特别是当后续有更多的投资者涌进市场时，他们就会越发坚信："最大的傻子在后面。"这类人的博傻行为是理性的。

一般而言，感性的博傻行为会导致投资人更容易成为最傻的那个人，而理性博傻者则相对安全一点，因为他们会对投机的形势进行充分的论证，甚至会主动去推动市场，不惜将市场的泡沫越吹越大，从而引诱更多的人进入该投资领域。不过需要注意的是，任何的投资和投机行为都是有风险的，而且市场也具有一定的自发性和不确定性，因此再精明、再理性的人也无法做到不犯错。只要他们对大众的心理判断出现了失误，或者对形势出现了误判，又或者他们在投资上过度贪婪，就极可能会使自己从一个过渡性的傻子变成最后将盘子砸在自己手里的那个傻子。

专家点拨

> 在博傻游戏中，只要你不做最后的接棒人，不做最后的那个傻瓜，你就最终会成为赢家。不过，假如那个比"你"还傻的傻子没有出现，没人愿意出更高的价钱来帮你接盘，此时的你也就成了最大的傻瓜。

运用"二八定律"，争取成为赚钱的那一拨

19世纪末20世纪初，意大利著名的经济学家帕累托曾经提出了一个著名的"二八定律"，因此又叫"帕累托定律"。在任何一组事物当中，往往只有其中很小的一部分才是最重要的，大约只占20%左右，而剩下的那80%尽管占大部分，却是次要的，这就是"二八定律"或叫"二八法则"的含义。

财富故事

在日本，曾经有一位做钻石生意的商人，就是由于成功地运用了

"二八定律"而获得了巨大的成功。

我们都知道，钻石是一种高级的奢侈品，只有有钱人才会购买钻石作为装饰品，收入低微的人通常是买不起的。一般来说，处在高收入阶层的人在数量上比低收入者要少得多。所以，大部分人都认为：钻石的消费者数量稀少，所以它的可投资空间肯定不高。然而这个日本商人却觉得：大多数的财富都掌握在少数人的手里，钻石的利润丰厚，可投资的空间十分巨大。

说干就干，这位商人没有犹豫。在前期的所有工作准备就绪后，他准备租下东京一家百货公司的一块地方来销售他的钻石。没想到这家百货公司却拒绝了他的要求，因为百货公司的领导根本就不相信他的那套投资理论。

这位商人没有轻易放弃，他耐着性子跟百货公司领导进行反复沟通，最后，这家百货公司的领导终于被他说服了，这位商人成功地取得了一家门店的经营权。可是，这家店的位置有点偏，顾客的人流量并不多。可商人却一点儿都不着急，他认为自己做的本来就是少数人的生意，只要他能抓住那些有消费能力的客户，他的生意自然会有保障。当时，百货公司的人曾经断定，这位商人每个月的交易额能达到2000万就算是了不起了，可是这位商人却高调地宣布自己每月的营业额一定能达到2亿日元。

后来的事实证明了这位夸下海口的商人并没有吹牛，他的业绩很快就达到了日销6000万日元，紧接着，他很快就突破了3亿日元的月销售额，用数据证明了自己当初的判断。

生 财 有 道

在投资市场中，20%的人手里掌握着80%的财富。以上材料中那个日本商人的成功验证了这个"二八定律"。同时，它也说明了投资一定要坚持自己的看法和判断，如果这位商人与其他80%的人看法相同，他也就不可能获得成功，自然也就不会成为那赚钱的20%。

在社会上有两种人：第一种人占了80%，但他们却只拥有这个社会20%的财富；第二种人只占20%，但他们的手里却掌握着社会财富的80%。为什么会这样呢？因为第一种人每天都只懂得看老板的脸色，总是寄希望于老板什么时候可以给自己多涨一点儿工资，这种人相当于把自己的一辈子"租"给了第二种"20%的人"；而第二种人呢？他们除了把自己的本职工作做好之外，还善于用眼睛关注市场，关注外面飞速发展的世界，他们十分清楚应该在什么时间做什么事，于是，自然也就能让第一种"80%的人"一辈子都为他们打工。

因此，当你决定投资理财的时候，你一定要具备独到的眼光。诺贝尔奖获得者、著名的经济学家詹姆斯·托宾曾经说过："不要把你所有的鸡蛋都放在一个篮子里。"这句话如今早已家喻户晓，成为投资理财界的经典名言。可是，另外一位著名的经济学家凯恩斯却提出了另一条著名的投资法则：要把鸡蛋集中放在优质的篮子里，因为这样才能让你有限的资金产生出最大化的收益。

"篮子"多并不意味着能降低风险，主要原因在于目前的很多理财产品其实都是同质的，因此你所面临的系统风险实际上都是一样的。举个例子来说，你既投资了债券，同时又购买了债券基金，那么假如债券市场出现了系统风险，那么你的这两项投资都将会遭到巨大的损失。因此，投资者应该对理财产品进行分析，而不应只是关注理财产品的收益率，应该尽量把80%的"鸡蛋"放在20%的优质"篮子"里，千万不要去选择同质的理财产品进行重复投资，这样不但不能起到分散资金的作用，反而增加了理财的风险。另外，如果选择了适合自己的项目，就要牢牢把握住"二八原则"，努力使资金的收益率达到最大。

其实，不管是哪一种理财产品都是存在着风险的，如利率风险、通货膨胀风险、流动风险和信用风险等。从本质上说，理财产品的收益率就是无风险收益加上风险补偿，假如把银行活期利率看成无风险收益的话，如果你想要获得比市场高20%的收益，那么就意味着你要承担比普通银行储蓄多80%的风险。

明白了这个原理之后，我们今后在选择理财产品时，如果遇到一些高收益的产品，就应该保持警惕。尤其是对于那些不符合规定的理财品种，更应该谨慎投资，因为在其高收益的背后，往往包含着对信用风险的补偿。收益越高，也就意味着越有可能发生信用危机，这种信用风险实际上是转嫁了处罚它的违规成本。

根据"二八定律"，我们还可以知道：在股市里有80%的投资者只想着怎么赚钱，而只有20%的投资者会考虑到亏损时的应对策略。结果只有这些20%的投资者能在股市里长期盈利，而80%的投资者却只有亏钱的份。另外，成功的投资者会将80%的时间用于学习研究，只用20%的时间进行交易操作，而失败的投资者则相反，他们会用80%的时间实盘操作，剩下20%的时间却在后悔中度过。股票的价格通常在80%的时间内处于量变的状态，只在20%的时间里处于质变状态。所以，成功的投资者只需要花20%的时间去参与股价质变的过程，80%的时间则用来休息，而失败的投资者呢？则会用80%的时间参与股价量变的过程，用20%的时间休息。不止是在股票市场，在其他的投资领域，道理也同样如此。

专家点拨

作为一个投资者，要想成为"二八定律"中的那个"二"，就一定要在投资前进行详细分析、冷静判断，保持自己独立的想法，切忌盲目随大流、人云亦云。不要企图平均地分析和处理问题，而应该努力抓住起关键作用的少部分，这样才有可能使自己成为"二八定律"中的20%，才能在投资领域长久地生存下去。

找到"杠杆"的支点，你也能以小搏大

在投资领域，各种五花八门的金融衍生品层出不穷，让人眼花缭乱。之所以会出现这些金融衍生品，很大一部分原因是人们觉得采取普通的投资方法赚钱不够快。因此投资者为了实现收益的最大化，迫切希望以小搏大，正是这种心理才催生出投资杠杆效应的思维模式。老百姓最熟悉的贷款买房，其实就是杠杆效应下的产物，它为普通人用少量的钱实现大梦想提供了可能性。

财 富 故 事

梁先生想购买一套房子，最近他看中了一套50万元的房子，可他的手里只有40万元现金。他原本想找朋友借10万元，凑足全款把房子买下来，后来转念一想，感觉还是贷款买房比较划算。于是他只交了首付10万元，向银行贷了40万元，把房子买了下来，房贷每个月的还款额是2000元。

然后他把省下的30万元存款全部拿去买了股票、基金等投资产品，过了两年以后，他获得了一笔可观的收益。而且，在两年的时间里房子的价格也是水涨船高，梁先生买的房子很快就涨到了200万元，而他的股票资产也已经有将近70多万元，基金账户上也有了50多万元。

梁先生对于自己当年贷款买房的决定感觉很满意，他说："所谓银行贷款的杠杆效应，其实当初我并不懂。但现在我真的觉得自己当初决定贷款买房是绝对正确的，它让我的财富更快地增值了。"

如今，梁先生又已经贷款买了两套房子。他说："我现在已经有能力全款付清房款，只不过我觉得我利用手上的钱可以做很多事，而且很安全，为什么一定要把钱全耗在房产上面？现在只要能借到钱让我投资房产，我会求之不得，这样我可以有更多灵活的赚钱方式。"

生 财 有 道

所谓财务杠杆原理，说白了就是当银行借款规模和利率水平确定下来以后，贷款者需要负担的利息水平是固定的，在这种情况下，企业的盈利越多，把需要付给银行的固定利息扣掉以后，投资者能够获得的回报也就越多；反过来，企业盈利水平越低，在扣除掉给银行的固定利息后，股东得到的回报也就越少。

杠杆原理的作用可以用一个例子来说明。假设你买一套房子，付了70万元全款，买房后过了三年，房价的涨幅按平均每年15%计算，房子的市场价格涨到了105万元。此时将这套房子卖出，可以获得105万元现金，收益为35万元，扣除掉税费和其他费用，获利大约是30万元左右。而三年里的房租回报率假设是5%，房租大概在10万元左右。两项收益加起来，相当于这套房子在三年里获利40万元，回报率约为60%，年回报率约为20%。在这种情况下，你是用自己全部的资本进行投资，没有加入杠杆的作用。

而另外一种情况是，你没有投入全款，而是付了30%的首付，款项共21万元，剩下的70%房款做了银行的按揭贷款。假设其他因素不变，你同样在三年内赚到了40万元，这样你的年回报率就是60%（三年里的银行利息金额不高，可以忽略不计）。这就是借用了杠杆的效果。

从以上的例子可以看出，加入杠杆作用能够以小博大，可以大大提升自有资金的回报率，从而使得收益率大大超过市场的平均收益率。

财务杠杆的作用人们通常用"倍"来表示，例如用100元投资1000元的生意，就叫作加了10倍的杠杆。而如果拿去投资10000元的生意，那就是100倍的杠杆。把杠杆作用发挥得淋漓尽致的莫过于外汇保证金交易了，其杠杆从10倍、50倍到100倍、200倍、400倍的都有。最大可以使用400倍的杠杆，也就是说可以把1万元当作400万元使用，可见其利用率有多高。

还是以购房为例，如果你买一套市价 100 万的房子，只花了 20% 的首付，那么就意味着你使用了 5 倍的杠杆。假如房产的价值上涨了 10%，那么你的投资回报率就是 50%。而如果你只付了 10% 的首付，那么就是使用了 10 倍的杠杆。假设房价还是上涨 10%，你的投资回报率就是 100%，也就是整整翻了一番！由此可见杠杆作用的巨大威力。

财务杠杆能够获得利益的原因在于，当投资者全部资金的利润率高于借入资金的利息率时，他通过负债融资所创造的利润在支付了利息之后仍有盈余，将这个盈利计入自有资金的收益中去，自有资金的收益率自然也就提高了。

不过，需要注意的是，杠杆作用既可以放大收益，同样也可以把损失放大，也就是说，杠杆作用是双向的。如果你用首付 20% 买了市价 100 万的房子，当房价跌了 10% 时，你就损失了 50%；如果首付 10%，跌幅同样是 10% 的情况下，你的损失就是 100%。换句话说，在同样的风险情况下，杠杆的比例越高，你的潜在损失就越大。例如美国发生的次贷危机，主要原因就是使用的杠杆倍数太大。

在当前，互联网金融大行其道，可以获得资金杠杆的渠道有很多，远不止银行贷款这一个。比如期货公司保证金交易、证券公司融资融券、互联网金融公司 P2P 贷款等，都可以让我们获得资金杠杆。

在股票、房价疯涨的时候，人们都希望能把杠杆用得越大越好，如此就能一本万利，赚个盆满钵满。而当股票、房价大跌的时候，杠杆的放大效应又会让投资者损失惨重，在这个时候他们又会希望消除杠杆效应，然而这显然不可能。

因此，对于投资者来说，在决定使用财务杠杆之前，内心一定要核算清楚成功和失败的概率有多大。假如赚钱的概率较大，那不妨加大一点杠杆，这样赚钱的效率就会高，收益就会大。反之，假如亏钱的概率大，那么就一定谨慎投资，即使一定要投资，也尽量不要使用高杠杆。

👤 专 家 点 拨

总而言之，杠杆比例并非越高越好，在投资理财的过程中，投资者应该根据风险的比例谨慎选择杠杆的比例。

积极采取投资措施，应对通货膨胀和紧缩

在经济学上，所谓的通货膨胀是指在信用货币制度下，流通中的货币数量超过了经济的实际需要，从而导致了货币贬值，社会的物价水平全面而持续地上涨。通货膨胀的现象就是俗话说的"钱不值钱"了。

在经济学现象中，通货膨胀是广泛而长期存在的。事实证明，世界上任何国家都不可能处在零通货膨胀的状态，每个国家都会存在不同程度的通货膨胀率，而且通货膨胀必然长期存在。

👤 财 富 故 事

自从买了辆红色的新宝来，周小姐感觉自己过上了较有品质的生活。"好几年前就想买一辆属于自己的车了，直到去年初的时候才总算实现了这个心愿。"周小姐潇洒地将车开到自己上班的公司楼下，将车稳稳地停进车位后，轻轻地将脚迈出车门，随手优雅地关上车门，迈着轻松自在的脚步走向大楼的电梯。

不过，自打买车以来，她的日常开支也增加了不少，这不免让她有些担忧。她简单估算了一下，从去年4月到今年4月的一年时间里，汽油的价格上涨了1.3元，以一个月加油150升来计算，光是在加油这个项目上，一个月下来她就要多花将近200块钱。

除了汽油以外，其他的物价也一直在上涨。出于职业的原因，她每个月都需要购置一定量的化妆品来保持形象，她原来购买的套装价

格大约是 1000 元，可现在同样的一套已经涨到了 1600 元。也就是说，目前她每月又要增加 600 元的支出用于购买化妆品。

养车和购买化妆品方面的开支还算是可控的，但是日常生活支出就很难避免了。周小姐说，以前她一个星期要在外面吃两次饭，基本上花 100 块钱就够了，可是现在在外面吃一顿饭就要 100 元，这么算下来一个月的开销又要增多。周小姐说，虽然她的月薪有七八千元，说起来也不算太低，可是与不断上涨的物价相比，这些钱还是捉襟见肘。她最后叹了口气说："现在我基本上平均一天的花费就要 100 块钱以上，一个月就是 3000 元，而去年的这个时候一个月 2000 元就已经绰绰有余了。"

生 财 有 道

从上面周小姐的例子里我们可以看出，货币一直在贬值，通货膨胀持续不断，这一切都在让我们手里的钱一天比一天不值钱。房租一直在上涨，各种食物也在涨价，到外面餐馆吃顿饭，消费支出也不知不觉地在变高。生活中我们会和上面例子中的周小姐一样遇到同一个问题：尽管工资水平也在上涨，但却总是赶不上通货膨胀和物价飞涨的速度，挣再多的钱好像也不够用。"每个月都撑不到发工资的日子，上个月的钱就已经花光了。"自己手里的"票子"再也买不到以前那种能让自己过得舒服的生活物品了，生活水平直线下降。

在经济学现象中，通货膨胀也有很多种类型，不同类型的通货膨胀对人们的生活和社会经济的影响程度也有差异。总体上来说，通货膨胀现象虽然有利有弊，但整体弊大于利，所以人们主观上都希望抑制通货膨胀。

抑制通货膨胀的宏观手段主要是依靠政府出台相关的经济政策和措施来进行调控，例如，实行从紧的货币政策、提高金融机构的存款准备金率、上调存贷款利率等等。而我们普通人更应该采取一些积极的措施来应对通货膨胀。除了平时努力工作，多多赚钱外，还需节约开支，以减轻通货膨胀带来的经济压力，还应该通过各种投资理财行为来尽量抵御通货膨胀对我们的财产带来的损失。

从整体来看，通货膨胀无疑会给投资者带来一定的负面影响，投资大师巴菲特也曾经说过："通货膨胀是投资者最大的敌人。"因为通货膨胀带来的是货币购买力降低，居民的实际收入减少，同时会导致整个社会的储蓄和资金积累都在下降，这就必然会引起投资者对生产、经营的投资大大降低，导致人们一窝蜂地去抢购如房产、珠宝、黄金、外汇等更容易保值增值的实物资产，而这势必会对社会的正常经济活动带来冲击。

在一般情况下，通货膨胀会给股票投资带来双重影响，有些企业会由于通货膨胀，不得不提高商品的价格，从而导致销售额下降，而有的企业则可能会由于通货膨胀而保持存货或其他资产的价格上涨。所以我们会看到，有一些股票的价格会随着通货膨胀而上涨，也有一些股票的价格反而会出现下跌。

受到通货膨胀的影响，债券和其他债务工具也会有相应的表现。在此大背景下，固定利息的债券或贷款提供者都会承担一定的风险，因为通货膨胀的影响可能会导致利息收益降低。

我们通常会认为，房产和贵金属会比较保值，因为它们在市场上的供应量有限，所以它们的价格在货币贬值时反而会上涨，因而都属于比较受投资欢迎的品种。可是，上文提到过，当投资者都争先恐后地去投资这些产品时，必然会对正常的经济活动造成冲击，从而引发一系列负面影响。

与通货膨胀相对应，还有一种经济现象被称为通货紧缩。所谓的通货紧缩是指在经济相对低迷的时期，在一段较长的时期里，物价总水平持续下降，货币不断升值的经济现象。通货紧缩也和通货膨胀一样会对社会经济发展造成严重影响，会加速经济的衰退，导致社会财富缩水，出现分配的负面效应，还可能导致银行出现大量的不良资产，甚至会促使银行倒闭。

对投资产生的影响大小取决于通货紧缩的程度。在通常情况下，适当的通货紧缩可以提高市场竞争的程度，可以帮助调整经济结构，去掉经济中的"泡沫"，同时也会促进企业加强技术投入和技术创新，改进产品和服务质量。从这个意义上看，通货紧缩对产品发展有一定的积极影响。

然而如果通货紧缩过度的话，将会导致物价总水平长时间、大范围下降，金融市场上的资金供应不足，货币的流通速度减慢，市场销售低迷，等等。投资者通常会有"买涨不买落"的心理，所以就出现了"惜投""惜购"，进一步导致大量的资金闲置。换句话说，通货紧缩会大大降低投资者的投资热情和积极性。

专家点拨

> 不管是通货膨胀还是通货紧缩，都是货币领域中一种非正常的状态，它们都会在客观上使投资者的投资风险增加，因此会给投资理财带来非常大的影响，从而会严重打击投资者的投资热情和积极性。对于普通的投资者而言，建议可以适当配置一些较为稳妥的银行理财产品，以及购买有升值空间的房产和贵金属产品，这样才能更好地应对通货膨胀和通货紧缩。

头脑时刻保持清醒，勿做盲从的"羊群"

一般人普遍都会有一种心理，经常会受到周围大多数人的影响，喜欢盲目随大流，跟随大众的思想和行为，这种现象通常被称为"羊群效应"。对于大众认可的事情，他们就表示同意，自己从不愿意去思考事件的真实性，所以"羊群效应"又叫"从众效应"。这种从众的心理很容易让人盲从，而在投资领域，盲从往往会使人掉入陷阱，上当受骗，从而导致投资失败。

财富故事

在一个普通的周末晚上，老刘和媳妇吃完晚饭，两人决定外出散散步。老刘想想最近也没有什么物品需要添置的，所以出门前他还特地叮嘱媳妇："说好了，晚上逛街咱们可什么东西也不买。"媳妇给了他一个白眼："好了好了，不买就不买，瞧你那紧张样儿。"

就这样，老刘和媳妇一路慢慢悠悠地逛着，不知不觉就进到商场里面了。一开始他们真就打算只随便逛逛，可是当他们逛到了运动品专卖店的时候，情况就不一样了。原来，此时专卖店里挤得水泄不通，密密麻麻的都是人。里面的人都在忙着试衣服、裤子、鞋子，老刘和媳妇的好奇心被挑了起来，忍不住也挤了进去，想看个究竟。一问才知道，原来专卖店正在做活动，把一些过季和断码商品进行清仓大甩卖，最低打到了 5 折。这下老刘心动了，他看到周围的人一个个都在挑鞋子、衣服，觉得这样么大的便宜不捡白不捡，于是就对媳妇说："要不咱们也看看？"媳妇欣然同意，两人一拍即合，一个挑起了鞋子，一个挑起了衣服，兴高采烈地试穿起来。最后，老刘挑了三双鞋，媳妇挑了两件外套，由于没带够现金还刷了信用卡。家里的鞋柜本就已经有很多鞋子了，这下又多了三双新鞋，而大衣柜里也添了两件新衣服。

生财有道

在上面的故事中，老刘原本没打算购物，纯粹是因为看到周围大家都在买，就也跑过去买，这就是典型的"羊群效应"。羊群本来是一个散漫的群体，平时聚集在一起的时候并没有什么目标，都是漫无目的地乱走，可是一旦有一只头羊开始动起来，其他的羊就会毫不犹豫地一哄而上，不管前面会不会有危险，或者其他地方是不是有更好的草。比如，假如在一群羊前面放上一根木棍，让第一只羊跳过去，那么后面的羊也会接二连三地跟着跳过去。如果这个时候你把那根木棍抽走，后面的羊走到这里的时候，即使拦路的木棍已经不在了，它们还是会和前面的羊一样向上跳一下。

在投资市场上，人们常常用"羊群效应"来形容那些喜欢盲目跟风的人。许多投资者在投资股票的时候，很容易自觉或不自觉地受到一些错误心态的影响，比如盲目跟风就是其中的一种，这种错误心态常常会导致投资者做出错误的决定，造成严重的后果。

股市里的投资者对后市的预期都会不一样，所以不管任何时候都会有人买、有人卖，这就是所谓的仁者见仁，智者见智。有一部分初入股市的投资者，只要看到别人购买一种股票，就喜欢跟风买进，然而股市的运行有其自身规律，盲目买进的后果往往输多赢少，一不小心就被套牢了。当股价一路下跌的时候，人们一致看空，就连股评家都会跳出来告诉大众股价直指某某低位。在这种时候，有的投资者心态就崩了，忙不迭地仓皇"割肉"，通常都会卖在最低点，结果只能是后悔莫及。索罗斯曾经说过：不要过于相信股市，假如你在华尔街地区跟风随大流，那么你的股票投资也就注定是个悲剧。做股票投资时一定要牢记：要有自己的主见并坚持自己的原则，不能被市场狂热或悲观的气氛牵着鼻子走，盲目随大流。正因为普通人都有一定的从众心理，所以往往很难摆脱大众对自己行为的影响，于是就随波逐流、人云亦云。而在投资领域里，成功却往往只属于少数人，他们坚持主见，绝不盲从大众的思路，在市场风向改变时，能够很快地选对方向并坚持下去，而其余绝大多数只懂得盲目跟从的投资者就注定只能为他们这些极少数人做贡献了。

股神巴菲特就非常善于坚持原则，他经常会凭自己的直觉行事，然后坚定执行。其实，按照自己的标准去做事才是最重要的。巴菲特曾经说过，最好的衡量方式就是要不断地扪心自问："你是愿意全世界都把你当成最可爱的人，但你知道自己其实没那么好，还是你宁愿自己被公认为是个糟糕的人，可是你心里却明白自己很优秀？"在进行投资的时候，必须拥有一个清醒的头脑，甚至就连巴菲特也不敢保证自己在投资市场里一定不会失败。在 20 世纪 90 年代后期，他由于拒绝投资当时正在蓬勃发展的高科技和互联网领域的股票，也遭到了许多质疑。不过，巴菲特一贯都十分坚持自己的原则，甚至连自己投资的公司的管理层都很少去接触，他更倾向于通过研究财务报表来和他们建立联系，这是因为巴菲特认为这种获取信息的方式相对来说更公正和客观。

在进行投资的时候，巴菲特还有一个十分重要的原则：他只会去关注自己"力所能及"的投资，换句话说，只有那些自己非常有信心的领域，他才会去投资，而对于自己不熟悉的陌生领域，他则绝不会去碰。大部分人通常很难把商业投资和自我情绪完全分开，但巴菲特就可以轻易做到。尽管巴菲特看起来慈眉善目，但是他却十分精明。他会想方设法地尽量避免那些不必要的干扰，以免影响他的投资判断。巴菲特之所以能取得如此辉煌的成就，与他这种超强的理性思维是分不开的。

人们在投资领域的失败有许多原因，其中最重要的一个就是"羊群心理"。假如你想在投资市场上赚钱，就要切记一定不能有这种心理，一定要学会独立思考，并坚持自己的判断。投资赚钱的重要秘诀就一句话："走自己的路！"

专家点拨

> 如果一个人缺乏主见，总是人云亦云，不能坚持自己的原则，这样的人是不适宜做投资的。投资者只有学会独立思考，自主判断，才有可能抓住真正的机会，在投资领域获得成功。

第三章

掌握储蓄"秘密"，传统理财不落俗套

在当今社会，我们时刻面临着各种各样的事情，要想更好地处理这些事情，就需要有一些准备，而钱无疑是很重要的。这个时候，我们自然会想到投资储蓄，因为它是保证生活质量的第一选择。而随着银行储蓄品种的不断增多以及银行服务的逐步完善，储蓄理财已经不再是原来的简单存款，需要因人而异，因地而异。因此，只有掌握储蓄投资的"秘密"，才能最大限度地使存入银行中的存款实现利息增长。

储蓄这事不简单，存钱也有小技巧

尽管时代一直在发展，但是中国人还是相对更倾向于稳健的理财方式，喜欢把钱存进银行，用来应对一些意外情况，所以我国一直是全球居民储蓄率最高的国家之一。大部分人都觉得，炒股风险太大，投资 P2P 又担心受骗，还是只有储蓄最简单，只要把钱存进银行就可以了。

其实，储蓄远远不只是存个钱那么简单，如果你以为银行储蓄就只是选择存款期限而已，那你就错了。储蓄这事也有很多的门道和学问，你只有学会打理自己的存款，才能为自己积累更多的财富。

财 富 故 事

刘婷在上海素初化妆品有限公司上班，是个普通的办公室文员，每个月的工资是 6000 多元，但是她每个月扣掉生活必需的各种开销后，把剩余的钱都存了起来。通过一点一滴地慢慢积累，她竟然在短短不到四年的时间里存下了一笔出国留学的钱，圆了自己出国深造的梦想。

大多数的职场新人在刚刚步入社会参加工作的时候，想要让自己快速提升，都需继续学习和深造，刘婷也不例外。可是她刚刚毕业，没有什么积蓄，自己又不愿意再向父母伸手要钱，也不想向银行借贷，所以最后她决定自己通过储蓄来积攒学习的费用。所以，每个月拿到工资以后，除了必要的开支，她把剩余的钱都存进银行里。随着时间一天天推移，她账户上的钱越来越多，她也离自己的梦想越来越近。直到有一天，她的闺蜜在跟她聊天的时候打趣道："婷婷，你现在到底存了多少钱了啊？我看你整天存钱，现在估计已经成了小富婆了！"她马上登录手机银行查了一下账户，赫然发现自己竟然已经攒够了出国留学的钱！

生 财 有 道

如果你想学习怎样存钱，有效提升你的获利收益，这里就为你推荐几个存钱小技巧。

1. 把自己的收支情况搞清楚

理财的最终目的就是尽可能多地积攒钱财。并不一定每个人都非要成为富翁，但都应该不断地积累自己的财富，尽量为未来的生活做好准备。可是，如果你连自己的收支情况都搞不清楚，不知道自己每个月有多少收入款项，多少需要开支的项目，储蓄存钱也就成了一句空话。想要积攒更多的钱，最重要的一个前提就是要先弄清自己一段时间内的支出情况，然后尽量把那些不必要的开销项砍掉。

2. 充分了解各种储蓄，选择一款适合自己的储蓄方式

储蓄最大的优点是风险低、期限灵活、简单方便，但缺点则是收益相对较少。我们应该去研究分析各种储蓄的种类，根据它们各自的长处和短处，制订属于自己的储蓄计划。

储蓄根据存款期限的不同有活期储蓄和定期储蓄两种，定期储蓄还有整存整取、零存整取、整存零取、存本取息等之分。活期储蓄的期限灵活、存取方便，但是利率比较低；定期储蓄的期限比较固定，但是利率相对较高，适合长期储蓄；零存整取利率也比较高。

3. 根据自己的收入情况来制订储蓄计划

大多数刚毕业的打工一族个人收入都不太高，而日常的开支又不少，所以基本上都存不下多少闲钱。因此，投资理财应该养成储蓄的好习惯，注重资金的积累，也就是说每个月定期留一些钱做固定存款，一般来说，拿出自己收入的20%～30%最适宜。不过这个比例也不是固定不变的，投资者可以根据收入和花销的具体变化情况进行灵活调整，不过原则上是必须保证每个月都要有一定的存款。

年轻人成家以后，收入一般会有所提高，生活渐趋稳定，不过日常的开销也会逐步递增，慢慢会产生买房、买车和生孩子等需求。这

时投资者就应该重新制订自己的储蓄计划，重点是要合理安排家庭的生活开销，继续保持家庭的储蓄，坚持储蓄，然后再适当进行一些基金、股票、债券等投资。

4. 采用阶梯式储蓄方式

如果你想进行长期储蓄，但是手上只有5万元钱，又害怕将来发生一些意外状况需要急用，那么可以采用阶梯的储蓄方式。例如存1万元1年期存单、1万元两年期存单、1万元3年期存单、2万元5年期存单。在1年后，可以将到期的1万元改存为5年期存单，以此类推。这样一来，既可以保持储蓄的流动性，还能够获得较高的储蓄利息。这种阶梯式的储蓄方式适用于中长期投资。

5. 采取分散式储蓄方式

有些投资者想把自己的钱存为定期存款以获得较高的利息，但是又害怕在将来急着用钱时会造成一些不必要的利息损失。在这种情况下，投资者可以采用分散储蓄的方式。例如，假如你的手里有3万元，预计在1年内会用到，但此时并不知道用钱的时间和金额。那么你可以将这3万元分为4张5000元的存单，1张1万元的存单，存期都是1年。这样，当你在急需用钱的时候，就可以根据所需要的金额来领取，避免一下子要动用到大的存单而造成不必要的利息损失。

6. 巧妙利用工资卡，小钱也能增值

工资卡对于广大的上班族而言就是一张活期储蓄卡，如果你把工资长时间地存在工资卡里，那是对自己财产资源的浪费，而且还会有利息上的损失。建议你可以把工资卡上的钱自动转成定期存款。现在绝大部分的银行都会提供自动约定转存服务，只需要通过电话或通过网上银行操作就可以申请。

7. 巧用7天通知存款

如果你的手上有一大笔资金，而且近3个月以内准备使用的话，那你比较适合使用通知存款类理财产品。不过一定要注意，如果你向银行发出支取通知后，没有满7天就提前支取，利息就会按照活期存

款利率来计算。还有，银行会规定支取的金额，如果你支取的金额不足，或者超过约定的金额，存款也会按照活期存款利率计息。所以在办理通知存款的时候，一定要特别留意存款的支取时间、方式和金额，避免利息收益损失。

专家点拨

储蓄并不仅仅是往银行里存个钱那么简单，这里有许多的知识和技巧。只有在理财方面精打细算，做好正确的规划，才有可能让你的存款实现最大的收益。如果你会灵活利用储蓄种类和银行推出的特色附加功能，就能够让你的存款产生最多的利息，通过小小的积累获得巨大的财富。

高效管理定期存款，使收益最大化

中国人一般平时都喜欢省钱，把节省下来的钱都存进银行里，特别是上了年纪的人，都觉得储蓄存款才是最保险的做法。实际上，定期存款也是需要管理的，如果你让你的存单整天躺在角落里"睡大觉"，就可能损失更多的利息。

财富故事

4年前，陕西福莱思药业有限公司的老张把平时省吃俭用攒下来的10万元存进了银行里，他办理的是两年期的定期一本通存款业务。现在，老张到银行取款，没想到银行的工作人员却告诉他，他的存款利息被分成了两部分，前两年的存款按照定期利率计算，但是后两年的存款则是按活期利率计算。

原来，银行的定期存款是不会自动转存的，当初老张在填写申请表的时候，在转存期这个项目栏里并没有填写。在银行的储蓄存款凭证单客户须知中有这样一条明确的说明：请在"客户填写"栏内认真填写"密码""印鉴""通兑"和"转存期"等栏目，否则视同不需要此种业务。老张就是因为事先没有弄清楚定期存款的相关规定，没有在两年存款到期后去银行办理转存业务，所以就这样白白地损失了两年的定期存款利息。

储户在把钱存进银行前一定要仔细看清楚存单的内容，有些银行的存单会在背面的"注意事项"中标注"存单到期自动转存，复利计息"这一项。这样，即便储户在存款到期后没有及时进行处理，银行也会自动根据这项约定执行。可是如果有的存单没有"自动转存"这个选项，那么储户就应该及时去银行办理转存业务，否则就会造成不必要的利息损失。

生财有道

对于那些中老年储户来说，由于定期存款的利息比较高，所以他们更喜欢定期存款。然而如果储户不能对其进行高效的打理，而是任由账户钱款躺在银行里"睡大觉"，就不可能获得更多的储蓄"实惠"。

储户选择不同的储蓄方法，所能获得的收益也会有所区别。那么，应该怎么利用银行这一金融通道，高效地打理自己的定期存款，从而使自己获取最高的利息收益呢？

1. 关注自动转存服务

在定期存款到期后，如果你没有去取出资金而是选择续存，就可以按照原有的利率计算利息。然而每次存款到期的时候都要到银行办理续存无疑很麻烦，如果你不小心忘记了及时续存，就会像上面故事里的老张一样蒙受利息损失。如果想要避免这个问题，那么你可以选择自动转存，在储蓄时就应该和银行约定自动转存服务。这样不但可以避免存款到期后没有及时转存的损失，而且一旦存款到期了，如果遇到利率下调的情况，储户再次存入时就会按照下调后的利率去计息；

而如果是选择了自动转存，那么它的利率会按照下调前较高的利息来计算，这样自然就可以让储户能够有最大的利息收益。

2. 整存整取和零存整取

通常存款的期限越长，利率越高，收益也就越高。如果选择了整存整取，在存期中，如果利率降低，就应该选择长期储蓄的方式；而如果利率升高，就应该选择短期储蓄的方式。

储户在支取存款的时候，可以采取分批支取的方式，减少利息的损失。例如，如果你想存 50 万元，那么可以按照 5 万元、10 万元、15 万元、20 万元的方式分批提前支取。储蓄不一定都需要一次性整笔存入，在满足资金需求的情况下，采取整存零取的方式可以获得更高的利息收益。与此相对应，还可以采用零存整取的方式，这种方式更适用于固定的小额存款储蓄者。这种方式的利率是按照储户开户当天的零存整取的利率计算的。如果存款没到期前，储户提前支取的话，则会按照活期利息计算。如果普通的打工族把每月的工资都存入银行，采取零存整取与活期储蓄两种不同的储蓄方式，二者的利息收入会相差 2.375 倍。

3. 定期存款提前支取的选择

如果你急需用钱，可是定期存款还没有到期，应该怎么做才是正确的呢？

根据银行的规定，如果储户提前支取定期存款，将会承担一定的利息损失，因为定期存款提前支取的话，会按照支取日的活期存款利率计算。为了减少利息损失，储户还可以选择定期存单向银行申请质押贷款的方式。不过需要提醒大家，当银行申请短期质押贷款的利息支出超出你的利息损失时，你就只能选择提前支取了，否则就不划算了。

4. 合理确定存款期限和每笔金额

在低利息时代，储蓄的特点是存期越长，利率越高，因此储户应该合理地规划自己资金的存款期限。如果你不急着用钱，建议选择 1 年期限；如果你确保自己近 5 年内不会动用这笔资金，那么建议选择

5 年定期；如果你不能确定什么时候需要动用资金，那么最好选择化整为零的存款方式，即将 5 万元存款分为 4 等份，如 5000 元两份、1 万元两份、2 万元 1 份，存期分别是 1 年、1 年、5 年等，这样就可以避免全额提前支取而遭受利息损失。

5. 巧妙采用利滚利储蓄法

如果想要让你的定期储蓄能够获取最多的利息，那么可以选择存本取息和零存整取相结合的方法，因为这种方式可以产生利滚利的效果，所以也叫利滚利存储法，又叫"驴打滚存储法"。假设你有 5 万元资金，你可以采用以存本取息的形式定期储蓄你的资金，然后把每月的利息以零存整取的形式储蓄，这样你就能够获得二次利息。采用这种方法可以让储户获得更多的利息，可是由于需要储户每个月都跑到银行去办理，所以之前大部分人都很少用。现在绝大部分的银行都有"自动转息"业务，只要你选择这项业务就可以了。这种"利滚利"的储蓄方法如果你可以长期坚持下去，就可以获得一笔可观的收益，对于广大的普通工薪族而言，无疑是一个很好的选择。

专　家　点　拨

对于广大的老百姓来说，储蓄是最常见的一种理财工具，家家户户在银行里多多少少都会有一些存款。然而，不同的存储方法，也会造成储户获得的利息收益存在天壤之别。作为投资者，应该巧妙利用各种储蓄方法和技巧，高效地打理自己的定期存款，这样才能让自己的储蓄收益最大化。

做好储蓄规划，积累更多财富

相信大多数人在日常生活里，第一个接触到的理财投资往往就是储蓄存款。如今在投资理财领域，已经出现了形形色色的理财产品，可是银行储蓄仍然还是最普遍、最保险的一种理财方式。然而许多人对于储蓄在投资中的重要作用却往往认识不够，在他们的意识里，仿佛只有投资股票、基金等产品才能让自己的财富实现增值。事实上，投资理财的基本条件就是储蓄。试想，假如你的资金不足，怎么可能投资股票和基金呢？假如连存款都不够，那么，发展自己的事业就更无从谈起了。因此，想要获得投资的成功，就必须养成储蓄的好习惯，严格按照计划进行储蓄，先积累起足够的投资成本。

财 富 故 事

盈盈和瑜青两个女生刚刚从大学毕业，刚刚进入社会工作的时候，两人的工资水平相差无几，然而两个人的理财观念却很不一样。盈盈为自己制订了一个严格的储蓄计划，每个月都会往银行里存进去一笔钱；而瑜青则是一个不折不扣的"月光族"，平时下班后喜欢逛街购物，或者是和闺蜜、同事吃喝玩乐，所以，每个月的工资基本上都不够花。

转眼间，三年过去了，盈盈的银行账户里已经攒下了 5 万元。盈盈一直保持着储蓄的习惯，并且能够严格按照自己制订的储蓄计划来执行，于是日常的小钱逐渐就累积成了不小的一笔财富。后来，盈盈还利用自己的一部分存款进行了股票和基金投资，几年后她就靠着自己的储蓄和投资收入，为自己买下了一套几十平方米的小公寓，生活越来越轻松、舒适。

反观瑜青呢？尽管她自从参加工作以来，每天的生活看似悠闲自在，然而几年过去，不但连一分钱没有存下来，甚至还透支了几张信用卡。现在，她仍然没有摆脱"月光族"的生活，几年下来，除了积累了几大箱已经过时的衣服，就什么也没有了。从一定程度上来说，她们两人的生活差距，是由两人不同的储蓄习惯决定的。

生 财 有 道

那么，作为投资者，应该如何建立合理的储蓄规划呢？

1. 储蓄要趁早,越早越好

在生活中,可能不少朋友会有这样的想法:"现在我的工资都不够花,哪来的闲钱储蓄?等过段时间我的收入提高了再说吧。"实际上,这种想法是非常错误的。储蓄这事宜早不宜迟,越早储蓄,你就可以越早积累财产,越早积累投资的成本。

其实,我们的生活品质是和收入的提高息息相关的,你赚的钱越多,花的钱就越多。一个人的收入再高,如果没有养成储蓄习惯,也一样很难存下钱,也就不可能拥有属于自己的财富。因此,不管你的收入是多少,制订储蓄计划都是必需的。即使你每个月只能存200元、300元也没关系,养成储蓄习惯最重要。对于年轻人来说,时间就是他们最大的资本,应趁年轻时就养成存钱的习惯。所以,请你不要犹豫,从现在开始立刻开始储蓄吧!

2. 确定自己的目标,增加自己的存钱动力

你想不想拥有一套属于自己的房子,或是买一辆汽车?已经成家立业的你,是否还要提早考虑孩子的教育问题?现在你就可以把自己的目标写下来,贴在你家里醒目的地方,以此时刻提醒自己为这个目标而奋斗,增加存钱的动力。存钱的目标可大可小。比如,如果你想为自己购买一套房子,那么可以将它拆分成几个小目标:第一年存2万,第二年存5万,第三年存够10万,等等。这样逐步提高目标,逐个完成,逐渐增加自己存钱的动力和信心,慢慢地去接近自己的目标。

3. 定期为工资换个门户,别让工资睡大觉

对于一些普通的工薪阶层来说,工资卡只是一张活期储蓄卡,他们往往是在自己需要用钱的时候才把钱取出来,平时不需要的时候就这样把钱放在工资卡里收活期利息。如果你是这么做的话,你的工资收益就会被白白地浪费掉了,因为这样做就无法让你的理财收益最大化。投资者应该把工资转换成定期存款,现在大部分的银行都有约定转存业务,你可以给工资卡约定一个最低的活期额度,把超过这个额度的部分都自动转存为定期。一般来说，期限越长的存款，利息就越高。现在央行的活期利率是 0.3%，而最短的 3 个月的定期存款的利率则是 1.35%，二者的差距显而易见。

4. 坚持定期储蓄，让储蓄规划更顺利

活期存款的优点是比较灵活，存取方便，然而也正因为如此，你卡里的钱就会在不知不觉中被花掉。最好的方法是及时把手里的钱存入定期，用强迫储蓄的方式来让自己养成储蓄的好习惯。

5. 遵守分散化原则就是合理的储蓄计划

什么才是合理的储蓄计划？最重要的一点就是分散化原则：采取分散储蓄期限和分散储蓄品种的方式来进行储蓄。投资者可以根据个人家庭的实际情况，灵活安排家庭的开支计划，把家庭的闲散资金划分成不同的存期，还可以根据个人的理财需求来选择不同的储蓄品种或组合。这样既能减少储蓄投资风险，也可以获得更大的收益。

6. 根据利率变化趋势来选择储蓄品种

由于存款利率不同，投资者获得的收益也会有差异。投资者应该及时根据预期的利率变化调整自己的储蓄计划。当存款利率开始上涨时，投资者应该选择短期的储蓄品种，这样才能在储蓄到期时将存款灵活地转化为利率较高的品种；反过来，当存款利率开始下降时，投资者应该选择存期较长的储蓄存款品种，这样才能在利率下调时，让自己存在银行里的钱保持较高的利率。

7. 定期核查账单，尽量少用信用卡

现在，有许多年轻人都喜欢使用信用卡，因为它可以帮助自己提前购买想要的东西，如果及时还款的话，还可以节省借款利息。但是，假如你没有节制地透支信用卡，就可能会产生较高的利息。通常信用卡的利率比贷款利率要高很多，所以年轻人应该尽量减少信用卡的刷卡金额。

专家点拨

在众多的投资方式当中，储蓄是最安全的一种，如果想要积累更多的财富，那就要制订合理的储蓄计划，并且还要严格按照储蓄计划去执行。因此，从现在开始，马上养成良好的储蓄习惯吧！

发挥大额存单优势，合理安排存款

假如你的手里有一笔数目可观的闲钱，你会怎样投资呢？存定期？不仅收益低，流动性也差。买股票？虽然收益高，但风险也大，还可能亏得血本无归。有什么好的建议吗？有的。几年前，央行出台的文件为投资提供了一种新的选择：2015年6月2日，央行宣布实施《大额存单管理暂行办法》，这意味着市场期待已久的大额存单终于正式实施了。

财富故事

安徽天耘医疗器械有限公司的李师傅刚从单位退休，工作了大半辈子，他攒下了一笔钱，金额还不少。李师傅平时生活省吃俭用，很少花钱，只有一个独生女儿，已经结婚嫁人，生活安定，衣食无忧，也不需要再为她操心。于是，李师傅就打算将这笔钱存进银行，这样既能够获得固定的利息收益，又可以让自己未来的生活多一份保障。2018年5月，李师傅来到自家附近的工商银行，准备办理存款业务。此时，银行里的一位工作人员主动向他介绍了大额存单业务，三言两语就让李师傅听得非常心动。

在来银行之前，李师傅完全没有了解过大额存单。银行工作人员向他介绍，在售的3年期个人大额存单的最高利率为3.85%，比3年期定期存款利率 2.75% 高出了许多，李师傅当即决定购买大额存单。可是，他也没有马上就购买，而是先回家恶补了一些大额存单的知识。他从网上了解到，大额存单的优点确实很多：不仅能有一个比较好的收益，而且还有更多的存款期限可供选择，万一自己将来遇到什么突发的意外情况需要紧急用钱，也可以方便及时地把钱从银行里取出来。

最终，李师傅下定了决心，把自己大半辈子攒下的 50 万元钱分成了几份，一大部分购买了 3 年期大额存单，还有一部分购买了 2 年期按月付息的大额存单，另外他还留下了一小部分用来应付日常的开支。这样一来，李师傅每个月的利息收益都不少，还保证了资金的流动性。他对自己的这项决定非常满意，很快就把这个好办法推荐给了自己那些退休的老同事们。

生 财 有 道

大额存单和普通的定期存款一样，在安全性方面也是很有保障的。它是一种比普通存款收益更高，支取也更加方便灵活的储蓄方式。储户用大额存单来储蓄，同样会受到《存款保险条例》的保护。即使出现银行破产的极端情况，不能如期兑付，金额在 50 万元以内的大额存单也是可以获得全额赔付的。所以对于普通的储户而言，使用这种产品来理财完全可以不用担心。

而且，大额存单在存期上，比普通存款的选择机会还要多，例如有些银行的大额存单存期包括 1 个月、3 个月、6 个月、1 年、18 个月、2 年、3 年、5 年等多种期限选择，完全满足储户的各种不同需求。当然，大额存单最大的优点还是利率更高，因此也更受储户的青睐。目前各大银行的大额存单利率普遍都有一些上调，最高的涨幅甚至超过了 40%。而且储户在选择大额存单后，还可以进行转让、提前支取和赎回，流动性也有一定的保障，所以，如果你的手上有一定数量的闲置资金，可以考虑采用大额存单来进行理财。

和普通银行存款比起来，大额存单具有不少独有的优势，不过建议储户在购买之前,最好还是先了解清楚相关的规定,这样才能更合理地安排自己的大额存单理财计划。

1. 大额存单有起购点的规定,从2016年6月6日起,个人认购大额存单起点金额最少为20万元,有些大额存单起购点则达到了30万元。

2. 大额存单是期次化产品,每次发行都有一定的发行期,储户如果想要购买某一期的产品,就需要在规定的发行期内,通过柜台或网上银行去申请办理认购业务。此外,每一期大额存单都有一定的限额,如果有些银行的额度不足,个别品种的大额存单很快就会被抢购一空。因此,需要认购大额存单的储户要经常到银行进行咨询和了解,才能抓住机会,买到自己最需要的产品。

3. 不同银行发行的大额存单的利率存在差异,有些银行没有及时按照统一的上浮比率上调利率,导致利率出现偏低的情况,因此储户在认购前应该注意"货比三家",才能确保选到最好的产品,不至于吃亏。

此外,储户还需要注意了解不同银行的大额存单对于提前支取的利息规定。大部分大额存单的提前支取规则是采用灵活多样的靠档计息方式,但是不同银行的靠档计息规则也有差别。通常来讲,大多数有分段扣息和分段计息两种。就分段扣息来说,是按持有期限的长短来划分不同的阶段进行扣息,即扣除不满存期的天数应享有的利息,剩余天数的利息按照原存单的票面利率计息。就分段计息来说,是大额存单提前支取的部分根据实际存期,向下靠最近一档普通储蓄产品官网挂牌利率给付利息。例如,3年期的大额存单,在6个月后由于紧急情况需要提前支取一部分,这部分的利率就会按6个月的定期利率来计算,其余的部分将可以继续享受大额存单的利率。

除此之外,对于大额存单的提前支取问题,还有一些银行会和储户提前约定好利率计算方法,所以,在支取前一定要计算好利息,慎重考虑后再决定,以免遭受不必要的损失。

专家点拨

> 大额存单可以用于办理质押业务，包括但不限于质押贷款、质押融资等。应大额存单持有人要求，对通过发行人营业网点、电子银行等自有渠道发行的大额存单，发行人应当为其开立大额存单持有证明；对通过第三方平台发行的大额存单，上海清算所应当为其开立大额存单持有证明。

储蓄虽安全，并不代表没有风险

对于普通人而言，储蓄往往是最安全、最稳健的一种理财方式，但安全不代表没有风险。而且，储蓄的风险和其他投资的风险有差别，储蓄的风险主要体现在以下两个方面：

一是存款安全风险。指的是存款凭证（存单、存折、银行卡等）不慎遗失或失窃，或者账户遭到不法分子盗用，又或是由于金融机构的选择不当而导致的损失。因此，切记要谨慎保管好自己的存款凭证，自觉增强存款风险防范意识，防止由于丢失而导致不可挽回的损失。

二是收益安全风险。这里的收益安全风险是指无法按照预期的储蓄利息收入，或是由于通货膨胀而引起的储蓄本金贬值。

财富故事

山东乐高胶业有限公司的钱先生有一天在上班的时候，接到一个自称是某银行客户经理的电话，对方说可以为钱先生办理高额贴息存款，不过要求钱先生在存款到期前不得查询账户，也不能开通短信提醒、网银等业务。钱先生听完之后心动了，他觉得办理该项业务能够获得一笔金额不菲的利息收入，于是便按照对方的要求办理了为期一年的5万元存款。在一年的存款到期以后，钱先生去营业网点取款，发现自己账户上的 5 万元早已被人转走。

钱先生发现上当受骗后立刻报警。警方的调查显示,犯罪分子先是以较高的利息诱导钱先生把资金存入银行,然后要求钱先生签订包括"不开通短信提醒业务、不开通网银权限、不通存通兑、不销户、不查询、不得提前支取、不质押"等内容的"七不"承诺书;最后,犯罪分子伪造了钱先生的签名,签订了一份与商户的委托扣款授权书,通过第三方支付公司向银行发出扣款指令盗取了老钱的存款,而这一切,钱先生完全被蒙在了鼓里。

生 财 有 道

以上的事例提醒我们,储蓄也不是百分百没有风险的,只有做好储蓄风险防范工作,才能有效地保障我们的收益和财产安全。具体来说,一定要注意以下几个方面:

1. 选择信誉良好的银行

衡量一个银行信誉好坏的硬指标包括它的资产质量、经营效益、资产的流动性及安全性、资本金充足率等经营现状,我们选择银行来存款,应该依据这些指标选择那些信誉较好的银行。

2. 切莫贪图高利息

当前,随着利率的不断下调、利息税的开征和通货膨胀的影响,全国各地出现了一些不法"银行"和地下钱庄等,社会上的各类非法集资层出不穷,骗取居民存款的案例屡见不鲜,令大家防不胜防。这些不法分子利用大多数人"一夜暴富"的心理,以高于国家存款利率几倍以上的利率来吸引他们的存款。我国的《商业银行法》等有关法律规定:未经银监会批准,任何单位和个人不得从事吸收公众存款等商业银行业务。对于普通的老百姓而言,高利率有着足够大的诱惑力。可是,在高利率的诱惑面前,我们必须时刻保持清醒的头脑,凡是高利率的存款机构大都存在许多不稳定的因素。所以,大家在进行存款时应该主动抵御高利息的诱惑,才不会因小失大。因为,凡是正规的金融机构都是绝对不会通过高利息来吸收存款的。储蓄是一种稳健的投资方式，千万不要被高利息所诱惑。

3．确保存款安全

当储蓄进入实质性阶段后，仍然存在许多风险，对此还需要加强防范，特别是以下四个方面需要注意。

（1）注意保护个人信息。很多人在到金融机构办理存款，在填写存款凭条的时候，往往不够谨慎小心，轻易地将自己的基本信息暴露在他人的视线范围内，甚至有些人还把填错的存款凭条当作废纸随意丢弃。这些做法都很容易被不法分子利用，导致你蒙受财产损失。

（2）注意账户安全。有些人喜欢用自己的生日，或是截取身份证号码的一段数字作为自己银行账户的密码，殊不知这些信息都十分容易泄露，因为别人可以通过身份证、户口簿、履历表等渠道很轻易地获取你的这些信息。所以，你在设置账户密码时，应该选择那些既容易记忆，又和自己特殊爱好密切相关的数字，千万不要把自己家里的电话号码或身份证号码等作为预留密码。此外，如果你使用网上银行进行操作，也要特别注意账户的安全。在使用网上银行的时候，尽量使用自己的家用电脑操作，避免使用公用电脑进行网上银行交易而造成财产损失。

（3）存单到手后要注意。存单是存款人对存款机构唯一的债权凭证，因此在存款人取款时，存单的要素是否齐全、金额正确与否，这些因素都起着至关重要的作用。还有，如果你发现自己的存单丢失，应该马上带齐相关材料到办理机构进行挂失，及时保护自己的财产安全。

（4）身份证、户口簿和银行卡、存折（单）三者应分开存放。因为如果存折和身份证同时丢失落入不法分子手里的话，他们很容易通过身份证号码套取你的存款密码，此外，一旦丢失了身份证件，在办理存款挂失等手续的时候，也会给你带来很多麻烦。

4．确保收益的稳定

（1）选择适当的储蓄种类和储蓄期限。储蓄存款有许多不同的种类，不同种类、不同期限的存款，其存款的利率都有很大的差异。然而，一旦储户选择了利率较高的定期储蓄存款以后，如急用钱需要提前支取的话，那么存款利息就会发生变动。如果你经常要用钱，那么最好是根据自己的情况，选择三个月、半年、一年、两年等不同期限的定期存款，错开办理，这样的话基本上每过一段时间就可以有一笔定期款项到期，可以帮你减少利息损失。

（2）办理部分提前支取。假如储户在办理了定期储蓄存款以后，遇有急事要动用存款，此时如果用款的数额不超过定期储蓄的存款额，就可以采取部分提取存款的方法，可以减少利息损失。

（3）办理存单质押贷款。储户在存入一年期以上的定期储蓄存款以后，如果需要全额提前支取定期存款，而用款日期较短，或者支取日到原存单到期日的时间已经过半，那么此时储户可以用原存单作质押，办理小额贷款手续。

专 家 点 拨

　　尽管储蓄并不能帮你实现通过其他投资方式较快积累财富的梦想，但它可以让我们获得一定的利息收益，而且在储蓄的过程中，我们可以学习投资的知识，以及积累规避和防范风险的经验，这些都是在我们今后的投资中十分有用的知识。

巧妙使用信用卡，"负翁"也能变富翁

如今，信用卡已经为广大的年轻人普遍接受，在为他们带来便利的同时也常常让他们头疼不已，真是"让人欢喜让人忧"。

财 富 故 事

罗景春是个大二的学生，每个月4号到23号的这段时间，对他来

说都很难熬，必须省吃俭用，几乎要一分钱掰成两半花，因为这两个日子分别是他信用卡的账单日和到期还款日，罗景春说："每个月4号，我都会收到信用卡账单的手机短信，从那天起，我就得开始千方百计地考虑，在保证我的最低生活费用的情况下，还能从什么地方省出或者挤出一点钱来凑够账单上的最低还款额，我真是太难了。"一提到信用卡还钱这事，罗景春就忧心忡忡。

像罗景春这样的情况并不在少数。按照相关规定，在校大学生由于没有固定收入，是没有资格申请信用卡的，因为信用卡业务的利润主要来源于向持卡人收取的服务费用和透支金额的利息。但是《学生信用卡领用合约》里却没有"收入情况说明"这一项，甚至还特别注明信用卡的联系人"无需承担担保责任"，一般只需要提供本人的身份证复印件等基本信息，就可以申请办理信用卡。这么一来，大学生申请办理信用卡就变得十分顺利。相当一部分的大学生经不起"先透支，再还款，如果遇到暂时还款困难，还可以只还10%最低还款额"的诱惑，仿佛信用卡就是天下掉下来的"馅饼"。有些大学生甚至一连办了三四张不同银行的信用卡，从此想刷就刷，苹果手机、数码相机、iPad、名牌服装都可以轻松得到……消费的时候出手简直是阔气十足。然而，当收到账单的时候，才开始惊慌失措。有些学生只能找家长帮忙，编出各种借口向家里要钱。可是这招并不一定都管用，总是找家长解决终究不是长久之计。于是有的学生通过一张信用卡取现来还另一张信用卡的账，拆东墙补西墙，还有一些同学"好了伤疤忘了疼"，这个月刚刚好不容易把上个月的账单还清，转眼又开始了另一波的消费，如此不断重复，永远过着这种寅吃卯粮，得过且过的日子。

生财有道

刷信用卡付款打着"用明天的钱圆今天的梦"的口号，固然看起来十分快意潇洒，然而天下没有免费的午餐，提前消费，打造美好生

活,是需要付出一定代价的,想要从"负翁"变富翁,就必须要谨慎刷卡消费。在这里,为大家推荐一些巧妙使用信用卡的方法:

1. 多刷卡可以免年费

信用卡是要收取年费的,一般每年是 150 元或 300 元,这笔费用并不算低,如果一年要付这么多的年费去使用信用卡,其实并不划算。不过,目前国内各大银行的信用卡,通常都有一些减免年费的优惠政策,前提是要求用户在一年里刷卡消费若干次即可。从这个角度看,目前在国内使用信用卡基本等同于免费。

2. 学会计算和使用免息期

使用信用卡通常都能有 50~60 天的免息期(各银行的规定略有差别),这也正是信用卡最吸引人的地方。所谓免息期是指贷款日(即银行记账日)至到期还款日之间的时间。由于持卡人刷卡消费的时间不同,因此能享受的免息期也是有长有短的,比如上面提到的 50~60 天的免息期,是指最长的免息时间。举例来说,假设你有一张信用卡的银行记账日是本月的 20 号,而到期还款日是下月的 15 号。在这段时间里是不计算利息的,也就是说,如果你在本月 20 号刷卡消费,到下个月 15 号还款的话,就意味着你享有了 25 天的免息期。假如你在本月的 21 日刷卡消费,那么就会计入下个月 20 号的账单里,可以到下下个月的 15 日再还款,这就意味着你享受了 55 天的免息期。在这 55 天的时间里,你实际上是在享受一笔无息的贷款。

3. 享受信用卡的增值服务

当前,各大银行为了招揽更多的信用卡用户,纷纷推出了五花八门的优惠政策。最常见的信用卡促销手段有积分换礼、协约商家享受特殊折扣、刷卡抽奖、连续刷卡送大礼、商家联名卡特殊优惠等等。从某种角度看,使用信用卡确实会比用现金更经济和优惠,同样消费 1 元钱,刷信用卡会比用现金消费能得到更多的附加价值。

4. 信用卡是旅行好帮手

那些经常出差或是喜欢出去旅游的人会更喜欢使用信用卡。因为通过各大旅游网站刷信用卡订机票，不仅手续简便而且可以享受免息的优惠，同时外出时也可免除携带大量现金的麻烦。更重要的是，异地刷信用卡同样是免手续费的。

5. 用信用卡理财

我们都知道可以使用信用卡刷卡消费，但很多人却不知道其实信用卡也可以用来投资理财。近几年来，基金投资十分热门，有很多人想购买基金，但却苦于缺少资金而无从下手。其实，信用卡持卡人完全可以通过信用卡来定期定额购买基金，从而享受先投资后付款及红利积点的优惠。在基金扣款日刷卡购买基金，在结账日付款，不但可以获得收益，同时也赚到了利息。不过必须注意的是，这种借钱投资也是有很大风险的，而且不适合长线投资。

6. 用卡行为一定要严格自律

众所周知，信用卡还款一旦发生逾期，产生的利息是相当高的，这就要求我们在用卡的时候一定要严格自律。如果你的收入还可以，可能对在使用信用卡时怎样节省费用并不会太在意，但了解以下这些问题还是非常有用的。一定要注意以下几点，才能有效避免因过度刷卡而欠下一屁股的债：

（1）虽然信用卡都有取现的功能，但是取现的手续费通常都高得吓人（有的甚至高达取款金额的3%）。所以，如果你真的需要用到现金，最好还是用普通的方式从银行取款吧。

（2）理想的情况下，你一定要确保在每次收到月度账单后都能尽快还清。

（3）一旦你没有及时还清账单，你就会被收取高额的利息。

（4）每个月账单上标注的最低付款额一定要还清，否则你会被收取一笔高昂的拖欠付款费，这笔费用会直接从你的信贷额度中扣除。

（5）如果你的信贷额度已经用完，还继续刷卡购物的话，银行就不会再有宽限期，你就应该必须立即把利息结清。

专 家 点 拨

　　提醒大家一定要注意,在使用信用卡消费后要及时还款,珍惜自己的征信。假如你多次信用卡逾期不还,会严重影响你的信用,将来在你需要购房购车的时候,银行就不会贷款给你,到时候后悔就来不及了。

理财产品千千万,挑靠谱的最重要

　　各大银行都会推出各种理财产品,这些产品被统称为银行理财产品,它们和债券、基金一样,都可以借助银行的理财平台进行购买。不过区别是,它们是直接由银行推出的,收益会比同期的银行定期存款高一些。

财 富 故 事

　　林超和几个朋友一起合伙做外贸生意,年底时他收回了一笔闲置的资金50万元。这笔钱他虽然暂时用不着,但是他预计两个月后需要用这笔钱进货,所以他计划把这笔钱存进银行,可是朋友却告诉他如果存活期的话,利息太低,不值得。

　　后来林超找了一位银行的理财经理进行咨询,在进行了一番沟通以后,理财经理根据他的实际情况,建议他做定期储蓄,给了他3种方案建议。考虑到两个月后,林超将会用到这笔钱进行新投资,于是理财经理向他推荐了7天通知存款,这种方式可以让储户及时存取,而且收益也比活期要高。与此同时,理财经理还向他推荐了另外两款银行理财产品,分别是保本和非保本的理财产品,预期年化收益率分别为4.2%和5.5%,但都比同期定期存款收益要高,而且期限都是90天。根据自己的投资习惯,他比较倾向于稳定的收益和低风险的投资，于是经过一番考虑，他最终选择了保本型的银行理财产品。

生 财 有 道

以上案例中的林超选择了一款保本型的银行理财产品，这种产品的收益较为稳定而且保本，短期购买的利率也比活期储蓄利率要高。此外，在以上案例中还提到了非保本的理财产品。那么，银行的理财产品究竟都有哪些品种呢？

目前，国内的各家银行推出了形形色色的理财产品，种类繁多，数量多达3万多种。但总的来说，银行的理财产品主要可按照三种方式分类：按照本金与收益是否保证分类、按照投资方式与方向的不同分类、按照期限分类。

1. 按照本金与收益是否保证分类

按照本金与收益是否保证，银行理财产品可以分为以下几种：

不管投资结果如何，一旦到期，银行都需要向投资者支付本金及固定收益，这种类型属于保本固定收益型产品。

到期后，银行向投资者保证本金的安全，而除了本金以外的投资风险则由投资者自行承担，这种类型的银行理财产品属于保本浮动收益型产品。

商业银行根据事先约定的条件和实际的收益水平向投资者支付收益，但同时并不保证投资的收益和本金安全，这类产品则属于非保本浮动收益型。

2. 按照投资方式与方向的不同分类

按照投资方式与方向的不同，银行理财产品可以分为以下几种：

债券型（票据型）：通常是指央行票据和企业短期融资券。由于普通个人无法直接投资央行票据和企业短期融资券，这类银行理财产品实际上是为客户提供了一种分享货币市场投资收益的机会。投资债券型产品之前，需要个人投资者和银行之间签订一份到期还本付息的理财合同。投资者先采用存款的形式把自己的资金交给银行管理，然后银行募集一定的资金以后进行投资，投资的对象主要包括一些期限短、风险低的金融工具，如短期国债、金融债、央行票据和协议存款等。银行会在付息日把投资人投资获得的收益返还给投资者；而到了本金偿还日，银行则全部归还投资者的本金。

信托型：信托型产品投资于由商业银行或其他信用等级较高的金融机构担保或回购的信托产品，或投资于商业银行有优良信贷资产受益权的信托产品。例如有家银行曾经推出过一只由银行、信托、担保公司三方合作的理财产品。这款产品所募集的资金主要用于投资以成分股为主的股票、开放式基金和封闭式基金等。该产品区别于市场上其他理财产品的地方是，它不但可以百分之百地保障本金，还能够使投资者获得4.5%的预期年收益。除此之外，根据信托计划的实际运作情况，投资人还可能获得额外的浮动收益。

挂钩结构型：挂钩结构型产品的最终收益率与相关市场或产品的表现挂钩，如与利率挂钩、与汇率挂钩、与国际原油价格或黄金价格挂钩、与道·琼斯指数挂钩及与港股挂钩等。其收益则会受到挂钩市场表现的影响。

QDⅡ型：这种理财产品是由客户把手上的人民币资金委托给合格的商业银行，由银行将人民币资金兑换成美元，直接用于境外投资，在产品到期后，银行将美元收益及本金结汇成人民币后分配给客户。

不同类型的银行理财产品的特点各不相同，投资者可以根据不同产品的特点，结合自己的实际情况和需求，去选择适合自己的理财产品。

3. 按照期限分类

根据理财产品的期限，可以分为固定期限和开放期限两种。其中固定期限的理财产品又可以分为几种。超短期产品：1个月以内。短期产品：1至3个月。中期产品：3个月至1年。长期产品：1年以上。

专家点拨

　　每一款银行理财产品，银行与投资者的约定条件都是不一样的。所以投资者在购买理财产品之前，应该确保自己能完全理解该项投资的性质，以及可能承担的风险，在详细了解和审慎评估该理财产品的资金投资方向、风险类型及预期收益等基本情况的前提下，经慎重考虑以后，确定自身的风险承受能力后再决定购买。

第四章

做"投基"懒人，让专家为你管理财富

基金投资属于稳健型的投资，即直接把钱交给基金公司的专家打理，然后按照投资规则购买，所以很多人称基金投资为"懒人投资"。但基金产品多种多样，想要实现高收益并非那么简单，"懒人"也绝不可能坐享其成，也需要懂得一定的投资理财知识，挑选品种、合理分配、攻守兼备，如此才能第一次买基金就赚到钱。

选只好"基"，享受小钱生财的乐趣

对于个人投资者来说，购买基金是不错的选择。因为它最大的特色就是让那些理财专家、基金经理来为我们管理财富，这无疑降低了投资者的投资风险。另外，基金投资是一种简单的证券投资方式，基金管理公司通过发行基金单位，将众多中小投资者的闲置资金集中在一起，然后再交给基金托管人托管。这笔资金在基金管理人的统一管理下进行股票、债券、外汇等金融证券的投资，然后再将所获得的利润分给众多的中小投资者。也就是说，投资者将自己的小钱交给专家来统一投资，这样不仅获得了相应的利益，还与其他投资者分散了投资风险。

理 财 故 事

马华腾算是个在股市身经百战的老手，他在股市上摸爬滚打了好几年。可是近几年，他非但没有像许多人想象的那样在股市上大赚一笔，而且还损失了大半的本金。无奈之下，马华腾在2015年抛出了全部股票挥别股市。可就在他退出股市没多久，股市就迎来了难得一见的大牛市。这牛市的巨大利润让马华腾跃跃欲试，但是想到前几年的惨痛教训，他十分纠结。这时，有个朋友向马华腾推荐了两只基金，并向他详细介绍了投资基金与股票的区别以及投资基金的好处。马华腾在朋友的推荐和指导下，养了两只"基"，成了一个"基"民。

刚开始时，马华腾会每天关注基金的净值变化，就像过去炒股一样。但是看了一段时间，他发现基金并不像股市一样波动频繁，完全没有必要天天盯着看。于是，马华腾就抽出时间干其他事，省了不少时间和精力。两个月后，马华腾再看这两只"基"，结果短短的两个月内，这两只基金都涨了20%以上。

这个结果让马华腾看到养"基"的好处。基金虽然不会像股票那样暴富，但是收益相对稳定，收益水平也不错。

马华腾的故事对许多初涉证券市场的朋友有一定的借鉴意义，它告诉投资者没有必要将全部资金都投向股市，在股票之外还有像基金这样的投资品种供我们选择。

生 财 有 道

市场上基金种类繁多，不同的产品风险和收益水平各有不同，其交易方式也有差别。投资者只有知道市场上有哪些基金，这些产品都有什么特点和优势，才能在众多产品中选择适合自己的基金。

由于市场上的基金种类比较多，我们只介绍一些最常见的种类。

1. 封闭式基金

封闭式基金是不可赎回的基金，事先确定发行总额，在封闭期内基金份额总数不变，基金上市后投资者可以通过证券市场进行转让和买卖。比如一只基金确定发行总额是 30 亿，封闭期是 15 年，在这段时间内购买的人再多也不会增发。在封闭期结束之后，才会转为开放式基金。

封闭式基金不可赎回，投资者可以通过分红和买卖来赚钱。它的交易和分红与股票交易非常相似。

2. 开放式基金

开放式基金与封闭式基金是相对的，是可赎回的基金，它的发行总额只要是看市场的需求。购买的人增加了，基金发行单位就会增发，并且在募集期内不规定限额。原则上它是可以永久发展的，只要基金公司仍在持续经营，这只基金就还可以永续地发展下去。目前，投资者购买的基金基本上都是开放式基金，投资者可以按照基金的报价，根据基金契约等约定的内容和程序，在证券市场上进行申购或赎回。

3. 收益型基金

很多投资者的目的是赚取稳定的收益，希望自己购买的基金今天收益5%，明天收益8%，后天收益10%，并且其收益率成稳定的上涨趋势。这样的基金就是收益型基金。当然，收益型基金的收益比较高，风险也比较高。

4. 股票基金

如果某基金60%以上的资产都投资于股票交易，那么，这种基金就是股票基金。它也属于收益型基金，投资者获得的收益比较高，风险也比较高。它的主要收益来源于由于股票上涨而获得的资本利得，其收益率取决于股票价格的波动。

投资者在选购这种基金时，应该考虑基金的投资去向，即考虑股票基金的未来风险、收益程度等因素，选择适合自己的风险承受能力、收益偏好的产品。另外，投资者也应该考虑基金公司的品牌和素质，选择品牌良好和专业素质较高的公司。

5. 债券基金

如果某基金80%以上的资产都投资于债券交易，这种基金就是债券基金。按照基金投资股票的比例不同，债券型基金又可分为纯债券型基金与偏债券型基金。纯债券型基金的资金完全用来投资债券；而偏债券型基金是指大部分基金投资于债券，少部分资金投资于股票。根据投资债券的种类不同，债券基金的投资风险也有所不同。国债信用最高，投资风险最小，政府企业的债券次之，企业债券的风险最大。利息收入是这种基金的主要收益来源，利率的变化和债券市场价格的波动是影响其收益率的关键因素。当市场利率下跌时，债券市场价格就会上扬，债券基金获利就会增加；相反收益就会减少。

6. 货币市场基金

它是以货币市场工具为投资对象的基金，比如银行定期存款、短期国债、商业汇票和银行承兑汇票等。它的分红方式只有一种——红利转投资。就是说每份基金面值始终保持在1元，超过1元后的收益会定期转化为基金份额，投资者拥有多少基金份额就拥有多少资产。所以它的盈利主要体现在分红和收益率，只要你存一天的钱，货币基金会给你一天的利息。一般采用每天计息、每月分红的方式，也有的基金是每天分红，或是每年分红。

货币基金和银行存款有些相似，但是银行存款需要缴纳5%的利息税，而货币基金则免利息税，且免收申购赎回费用，只是收取一些托管费、管理费和销售费用，所以它的收益率比银行存款高。在股市遭遇熊市时，货币基金是不错的选择，它比银行的存款收益高，且风险比较小。不过它同样受到通货膨胀的影响，如果收益率低于通货膨胀率的话，投资者就会赔钱。

另外，基金按照投资策略可以分为积极成长型基金、成长型基金、价值型基金、平衡型基金和保本型基金等；按照募集方式可以分为公募基金和私募基金；按照股票和债券的比例分为偏股型基金、偏债型基金和股债平衡型基金。

专家点拨

基金的出现标志着金融业的成熟，而且它凭借自身优势成为网络时代的新宠。所以不妨让自己成为新时代的"基民"，便可以用小钱来为自己生财。

专家为你理财，低风险高收益不是梦

"利润与风险成正比"是所有的投资项目永恒不变的真理。炒股获利最多，但风险最大；储蓄的风险小，但获利也较少。但是如果把两者的优势结合在一起，就形成了基金的优势。

理财故事

韦超群是山东景天堂药业有限公司的销售部经理，每个月都收入颇丰，但是花钱也很厉害，所以每个月并没有多少余钱。结婚前一个人过还没感觉到有什么不好的地方，结婚成家之后每个月的花销就更多了。虽然他已经开始努力改变自己的消费习惯，但是习惯岂是一朝一夕就能改的？再说每个月省下一点钱他也不想存银行。他听朋友说投资基金的收益比银行储蓄高，于是就向朋友请教该怎么投资基金，这个朋友就建议他采取稳健的基金定投方式去投资基金，每个月拿出1000元投资基金。

韦超群觉得每个月拿出1000元对他来说并不难，也不会影响自己的生活，拿这笔钱去投资基金总比存银行强。于是他就听从朋友的建议每个月都拿出1000元去做基金定投，一直坚持了8年。8年来他看着自己账户里的资金不断地增加，很庆幸自己当初做了一个正确的选择。到现在，他发现自己基金账户里居然有16万元的资金，他非常高兴，决定以后每个月继续做基金定投，并且随着收入的提高他还适当地调高了定投的数额。

生财有道

定期投入资金的方式不仅减少了长期投资的风险，真正发挥积少成多的优势，还减少了花费在投资上的时间和精力。

其实，基金投资与其他投资方式相比，是一种相对收益稳健、风险较低的投资方式，在赚钱的同时使风险均摊。因此，基金受到中小投资者的青睐。

那么，基金投资具有哪些突出的优势呢？

1. 集中理财，专业投资

基金将社会上众多分散的小额资金集中在一起，然后委托给基金管理人统一投资，有利于发挥资金的规模优势，降低投资成本，获得更大的收益。另外，基金管理公司具有大量的专业投资研究人员和强大的信息网络，投资专家具有专业的投资理财知识和丰富的实践经验。他们可以更好地分析和跟踪证券市场的动态，以及股票、债券等金融产品的行情走势，市场操作由专业人员盯盘、下达指令和操盘，有效地增加投资收益并将风险降到最低。在同等条件下，基金投资的收益比个人投资高，其投资成本却比较低。

2. 组合投资，分散风险

数据显示，个人投资股市盈利的比例不超过 10%，90% 以上的散户投资都是亏损的。如果想要分散投资的风险就必须进行分散投资，投资不同的金融产品，投资不同行业、不同企业的金融产品。投资者如果想要分散风险，必须持有 10 只以上股票，或是同时集中投资股票、债券等产品，而大多数中小投资者却没有足够的资金和时间来进行分散投资。我们知道，投资股票和债券都有一定的风险性，如果投资者将全部资金都投资某种产品，一旦该公司出现财务状况就会遭受重大的损失。基金通过汇集众多中小投资者的资金形成雄厚的实力，同时分散投资股票、债券和现金等多种产品，分散了个人投资对个股集中投资的风险。

3. 稳定的投资回报

由于基金是由专业基金经理人专门打理的，投资回报也比较稳定。对于投资者来说，应该树立中长期投资的理念，这不仅可以带来复利效果，在一定程度上还可以分散股市投资的短期风险，以及可以减少各种投资的手续费。股神巴菲特也十分重视基金的投资，在过去几十年中他管理的基金资产年平均增长率达到了 21.5%。对于很多投资者来说这是一个让人难以置信的数字，或许某些投资高手在短期内可以达到，可是在长达 41 年的周期内持续这一收益率就非常难了。

4. 独立托管，保障投资者的利益

基金由专门的基金管理人负责投资操作，但并不意味着是由基金管理人亲自经手保管的。资金的保管则由独立于基金管理人的基金托管人负责，实现了交易和保管的独立性。两者形成了相互制约、相互监督的机制，保证了投资者资金的安全性，杜绝了舞弊的现象。同时，中国证监会对基金业实行比较严格的监管，强制基金公司定期披露相关信息，使得基金的监管更加严格，信息更加透明，保证了投资者的利益。

5. 投资起点低，流动性强

投资基金的起点比较低，一般1000元就可以进行投资了，并且手续费用也比较低。一些小额投资者随时可以根据自己的经济条件来投资，且享受一定的税收优惠，不必缴纳利息税。投资者可以在证券市场上自由地交易，除了封闭式基金外都可以自由地申购和赎回。大部分基金具有较强的变现能力，尤其是货币市场基金，投资者随时可以获得相应的现金。

6. 简单操作，省时省力

投资基金有两种方式，一种是一次性买入，一种是定期定额买入。一次性买入就是选择适当低点买入基金，并在市场高点卖出获利。这种方式是单笔投资，与购买股票相似，需要花费时间和精力去打理。定期定额买入就是我们所说的定投，每月投资固定资金在某一基金上。这两种投资方式不必关注市场价格的起伏，不必花时间打理，并且办理手续和操作方式都比较便利，是懒人投资的最佳方式。

专 家 点 拨

基金是一种低风险高收益的理财产品，投资者可以在投入时间、承受风险、获得收益之间找到平衡点，在让专家为自己打理财富的同时，享受用小钱生财的乐趣。

把握买卖时机，正确的时间做正确的事

巴菲特曾经这样说过："市场对短期投资行为充满敌意，对长期滞留的人却很友好。世界上成功的投资大师，没有做短线交易的。"基金是一种中长期的投资工具，投资者应该追求长期投资收益，这样

才能获得稳定的收益。然而在现实生活中，很多投资者把基金当成股票来"炒"，在价低的时候买入，在价高的时候卖出，频繁地申购赎回。这样不仅浪费了时间和手续费，还因为没有找准申购和赎回的时间点而亏了不少钱。

理 财 故 事

王丽在 2009 年的时候买了 6000 份某股票型基金，谁知正好赶上股市不景气，这只基金业绩一般，基金净值一直在 1 元上下徘徊。2010 年的时候，这只基金所在的基金公司又发行了一种债券基金，主要投资记账式国债、可转债等低风险金融产品，王丽觉得投资这种基金收益会更加稳定，再加上她对股市中期走势不太看好，决定赎回股票型基金，购买新发行的债券型基金。但这次调整王丽付出了较大的代价，赎回老基金、认购新基金的费率高达 2%，加上股票型基金净值缩水，实际亏损在 5% 以上。到了 2011 年，沪深大盘出现了回暖，股票型基金的收益普遍提高，为了不错失良机，她又想把债券型基金换成股票型基金，结果又花了一笔手续费。

生 财 有 道

基金根本不适合短期操作，如果盲目地进行追涨杀跌的波段操作只会降低自己的收益。对于投资者来说，短线操作并不能让自己获利，而基金收益率高低在一定程度上取决于正确的买卖时机，即准确把握基金购买和赎回的时机。

交易时机是基金投资最关键的因素，这个道理谁都懂得，但是这个时机也最难把握。据相关数据显示，在证券交易中只有 8% 的人选对了时机。如果投资者交易的节奏与股市的波动吻合，就可以获得最大的收益，但是我们很难把握未来市场的变化趋势，很难判断它在哪个点上涨，又在哪个点下跌。

那么，我们究竟应该如何把握申购和赎回基金的时机呢？

1. 在股票跌到低谷时申购基金

一般来说，当股票上涨时，基金都会出现热销的情况，因为这时基金公司会趁着股市火热、不断创出新高的时间来增发基金。对于投资者来说，这并不是申购基金的最好时机，因为这时发行的基金价格普遍比较高，投资者需要付出的成本就比较高。一旦股市发生了动荡，基金净值就会下跌，投资者就会遭受损失。相反，当股票跌到低谷时，发行的基金比较少，购买者也比较少，基金公司为了扩大发行量必然会推出一系列优惠措施。这时投资者选择申购并长期持有，获利空间就会增大。

2. 市场处于低点时，申购新基金

当新基金发行时，投资者不仅要考虑基金的价格和发行量，更要考察其市场趋势。如果新基金发行时，市场处于高点，投资者应该谨慎购买。因为这时新基金不得不以高价购买股票债券等金融产品，如果新基金发行时，市场处于低点，投资者应该及时购入，因为这时投资的成本比较低，且上升的空间比较大。

3. 基金做营销活动时，投资者应该抓住时机购买

通常在一些基金需求旺季，基金公司为了扩大发行量会推出申购优惠活动，一些基金的优惠力度比较大，持续时间比较长，这时投资者可以抓住机会进行申购。比如2016年2月众多基金推出了申购优惠活动，其中易方达黄金主题证券投资基金场内申购费率降为零，并且在销售平台使用部分银行卡的投资者可以享受申购费优惠的活动，这时投资者就应该抓住时机来申购。

4. 股市上升时，可以考虑卖掉手中基金

前面我们说过，股市价格波动对于基金投资有很大影响。如果股市处于上升阶段，投资者应该及时卖掉手中的债券基金与货币基金；如果股市处于下跌阶段，投资者应该及时卖掉股票基金。

5. 根据基金的费率来选择赎回基金的时机

基金公司为了吸引更多投资者，鼓励长期持有基金，通常会设置

不同的赎回费率。如果投资者在持有半年或1年后赎回，赎回费率全免或是只收50%。所以投资者在选择赎回时应该考虑所持有的基金到底执行的哪种费率，并选择赎回费率低的时机进行赎回。

6. 基金业绩不佳时，及时将其赎回

基金的业绩决定了投资者的收益，当投资者发现手中的基金业绩不佳，且没有好转的迹象时，应该及时将其赎回，或是购买效益比较好的基金。

另外，投资者在赎回基金时还应该考虑其他因素，比如当基金快要到期时，应该提前准备赎回，不要等到到期才赎回；持有基金时，如果基金公司发生了问题，或是基金经理人发生变动应该及时赎回手中基金。

专家点拨

对于金融投资来说，时间点对了就会盈利，时间点错了就会亏损。事实上很少有人能够真正地把握购买和赎回基金的最佳时机，然而只要了解影响基金价格的因素，投资者便可以规避风险，获得更大的收益。

选择基金讲方法，赚钱能力更强大

股市的上扬，带动了人们的情绪，也点燃了人们购买基金的热情，基金投资逐渐为广大个人投资者所接受，业内人士认为，投资者应更好地把握好基金投资的方法。

理财故事

鲁若惜在山东朱氏药业集团道路运输有限公司任秘书，年薪7万元，基龄不到1年，在2015年2月开始购买基金，打算每月花2000元购买某基金。由于基金净值每个月都起起伏伏，鲁若惜在净值1.2元时只买入了1666份；在净值为0.6元时买入份额最多，达到了3333份。到7月份鲁若惜累计投入1.2万元，并累计购得1.4万份基金份额。

到了8月份，此基金的净值再次回到1元，假如鲁若惜是在1月一次性投入1.2万元以1.2元净值买入基金，那么时至8月，在经历了净值上上下下之后，最终不仅没有任何收益，反而损失了不少。

从以上案例不难发现，鲁若惜所采用的正是基金投资中常用的平均成本法（即定期定投法）。

通过计算鲁若惜6个月的投资成本可得：1.2万元÷1.4万份＝0.857元/份，成本较少，自然在基金净值依旧为1元时可以获得额外的盈利。诚然，以这个价格买入的份数比0.6元/份时买入的份数少了不少。但是，基金是一个适合长期投资的项目，从长远的投资来看，依然实现了以较低成本购买相时来说较多份额的目的。

当然，实现较少单位成本的关键还在于要长期投资，以低价购入补亏，这就是长线投资的优势所在。

生财有道

不同的基金价格不同，赚钱能力也不同。在众多种类的基金中选择一款适合自己的，并且具有赚钱能力的，才是投资者最终的目标。那么，投资者如何选择一只适合自己并具有较强的赚钱能力的基金呢？

1. 关注其业绩表现的持续增长

判断一只基金的赚钱能力，最简单且最直接的办法就是看其历史业绩，也就是过往净值增长率。其实，一只基金的业绩好坏很难在短时间内判断，只有经过了牛市、熊市的考验，长时间保持良好收益才是关键。一般来说，具有10年以上业绩证明的基金才最受投资者青睐。

2. 风险和收益的合理配比

投资者应该全面地了解基金所承受的风险，包括价格波动幅度、换手率等。另外，专业基金评级机构会每周提供业绩排行榜和风险评估，投资者也应该多多关注。高风险的投资回报潜力也高，如果投资者对市场的短期波动比较敏感，应该选择风险比较小且价格比较稳定的基金；如果投资者想要取得较高的回报，并且对市场短期波动不敏感，应该选择风险高、收益高的基金。

3. 关注基金信息披露是否充分

基金信息应该充分地进行披露，包括基金的投资策略、投资管理和费用等问题，以及投资经理人是否坦诚地陈述与评价其投资定位和业绩表现等等。如果基金公司充分地披露这些关键信息，投资者就可以根据信息调整投资方案，选择适合自己的基金；相反，如果基金信息披露不充分，投资者就无法及时掌握基金的变动，一旦基金公司出现了问题，就会遭受巨大的损失。

4. 根据个人需要来选择基金

个人需求不同，基金的投资目标、风险水平也有所不同。比如不同的年纪、不同的家庭收入和家庭状况，投资目标有所不同。一般来说，年轻人比较适合选择风险高、收益高的基金，中老年人比较适合选择风险低的长期基金投资。

5. 关注基金公司的信誉，看其是否值得信赖

一个基金公司是否具有良好的信誉、是否值得信赖，是投资者最应该考虑的问题。如果投资者将自己的资金交给信誉不好的公司，肯定会让资金遭受巨大损失。那么，如何判断基金公司是否值得信赖呢？首先它要以为客户谋求最大利益为目标；其次管理体系要完善，内部监控机制良好；另外，基金经理人应该具有专业素质，人员不能频繁变动。

6. 关注基金的投资期限

投资者应该关注基金的投资期限，并且看它是否符合自己的要求。一般来说，基金的投资期限越长，其价格受到股市短期波动的影响就越小，投资者可以选择一些比较积极的基金产品，比如股票基金、货

币基金等；相反，基金的投资期限越短，受到股市短期波动的影响就越大，为了降低投资的风险，投资者应该尽量考虑一些风险较低的基金。

7. 考察其运营费用的高低

基金的运营费用包括管理费、托管费、证券交易费和其他费用等。一般来说，越是规模较小的基金，营运费率就越高；越是规模大、业绩好的基金，营运费率就越低。所以投资者应该将营运费用过高的基金排除在外，这样不仅节省了投资成本，还降低了投资风险。

专 家 点 拨

投资者在购买基金之前一定要仔细分析，掌握选择基金的方法，这样才能找到赚钱能力强的基金。如果头脑一发热就盲目投资，恐怕会影响自己的判断，从而导致投资失误。

系列基金——撑起稳妥的"保护伞"

系列基金在早期曾被广泛称为"伞型基金"。所谓"伞型基金"，是从基金的组织结构方面来加以形容的，它就像一把撑开的雨伞，伞把儿就是投资者与基金管理公司签订的基金契约，而伞面上的一条条"龙骨"就是这份契约下面所包含的一个个子基金。换句话说，投资者只需要与基金管理公司签订一份伞型基金契约，就可以在基金内部所包含的各个子基金之间进行自由选择与组合。这样不仅可以保证投资者的收益，而且风险比较小。

理 财 故 事

55 岁的杨公池是上海某大学英语系教授，妻子在中学当老师，儿子在外地读研，马上就毕业了。杨公池与妻子的月收入共计1.5万元。他们住在杨公池学校的家属楼里，前年买了一部价值30万元的小轿车，另外还有可支配资产共计50余万元。杨公池一家的收入非常稳定，而且现在也没有什么大的开销，考虑到退休后的养老问题，杨公池准备购买一些养老保险，然后将剩下的钱购买基金。

杨公池考虑到退休后要预防重大意外和严重疾病带来的损失，所以为全家购买了人身意外险、重大疾病等健康类保险，年保费大约为4000~5000元。这样，杨公池准备拿出40万元买基金，剩下的存款作为应急准备金。资金都预算好了，接下来的工作就是要考虑购买什么种类的基金了。因为杨公池购买基金是为今后养老做些准备，所以他不想买高风险的基金，他的主要目的是控制风险，实现资产的保值和长期稳定增值。

因此，对于别人推荐的高风险、高收益的基金产品杨公池并没有考虑购买，而一些需长期投资的低风险基金，回报率又太低，想用自己那几十万块钱"吃息"恐怕不太可能。考虑到现在基金赎回和转换都要收取一定的手续费等费用，杨公池并没有盲目购买基金，他一直在寻找一种适合自己家庭状况的基金。

后来，杨公池在他人的推荐下购买了一款"系列基金"，进行长期投资。中低风险、收益稳定、组合灵活就是系列基金的特点。系列基金包含了一个个的子基金，也正是基于这个特点，系列基金又被称为"伞型基金"。杨公池只需要与基金管理公司签订一份伞型基金契约，就可以在基金内部所包含的各个子基金之间进行自由选择与组合。这样不仅可以保证收益，而且风险比较小。

如今，杨公池已经在自己购买的伞型基金下进行了两次不同子基金之间的转换，费用低廉，还很方便。杨公池越发觉得自己的选择是正确的，他开始向学校其他的老师、教授推荐这种"伞型基金"。他说，"伞型基金"能够为他们退休后的老年生活支起一把无形的伞，同自己一样步入中老年的知识分子确实可以考虑购买。

生财有道

中老年的家庭理财关键是要减小风险，而"系列基金"对于像杨公池这样的家庭是个不错的选择。他的家庭结构基本已经成熟，现金流入量比较大，可以应付一般日常支付而不需要太多的银行存款，所以银行存款保持在 10 万元作为可支配资产以防不时之需，余下的 40 万元资金可以用于投资基金，以达到资产保值和增值的目的。在众多金融产品中，杨公池决定购买系列基金，进行长期投资。他主要是考虑到自己即将进入退休阶段，风险承受能力相对较低，因此选择中低风险、收益稳定、组合灵活的系列基金是比较合适、稳妥的。这样可以保证自己在老年有充足的资金使用。

可见，对于中老年知识分子家庭而言，购买系列基金确实不失为一个明智的选择，它就像是为像杨公池这样的家庭撑起的一把伞，学会利用这把伞，将会使养老经费多一份来源与保障。

系列基金的特点是：

1. 基金品种的多样性。相对于单一基金而言，系列基金通常都包含数量从数只到数十只乃至上百只的基金，这些基金在投资范围、投资策略等方面各不相同。

2. 各基金之间的相互独立性。除了隶属于一个相同的总契约和总体框架及不同基金间可以进行方便的转换之外，各基金之间在很大程度上是相互独立的。

3. 各基金之间方便的可转换性。同一系列基金的投资者可以在该系列基金下的不同基金之间进行方便快捷、费用低廉甚至免费的转换。

系列基金有什么诀窍？

第一，知己知彼，因人而异。知己，即要了解自己的投资属性与风险收益容忍度。基金期望获得稳健的长期回报，跟炒股不一样，如果你指望一夜暴富，那最好不要选择基金。基金并不保证绝对收益，仍然存在一定风险。因此，最重要的是按自己的理财需求，了解伞型基金各子基金的风险、收益特征。

知彼，是要了解基金公司和基金产品。首先，我们应该选择一家经营稳健的基金管理公司。在相同的经营环境下，不同基金公司的经营水平相差悬殊。投资者应根据各基金管理公司的背景、投资理念、内部管理制度、市场形象、旗下基金品种的历史业绩以及公司的员工素质、客户服务等情况综合分析，选择一家值得信赖和符合自己投资风格的基金管理公司。其次，应确定具体的投资品种，目前市场强调个性化投资，各基金公司也投其所好，设立了多个投资品种。其中债券基金属于纯债券投资，收益稳定；平衡型基金股市、债市平衡布局，获利、风险均衡兼顾；股票型基金通过投资股票，追求较高回报，适合那些追求高回报，又能接受较高风险的投资者。

第二，着眼长远，不图小利。在基金营销大战中，为了吸引投资者的眼球，资本市场也会掀起价格战。在申购与转换费率上，各公司大打价格牌。如有公司承诺两年以内，投资者可免费在其旗下的基金品种中转换。但是投资与购买消费品不一样，投资行为的目的是获得投资回报，如果一味在价格上做文章，实在是舍本逐末。

第三，信赖专家，适度转换。"系列基金"最吸引人的地方就是转换，从一只基金转换到另一只基金，形式上就像赎回一只基金，再申购另一只基金，但各基金一般托管在同一托管银行，系列内转换具有更加简便快捷和低成本的独特优势，投资者可根据市场的变化，迅速地在系统内实施零成本或低成本转换，可以更好地把握投资机会，降低投资风险，提高资金的使用效率。

据统计，在股市大牛市中，以债券投资为主的稳健型基金获利能力不如以风险投资为主的激进型基金，而在熊市中的情况则恰恰相反。因此，根据具体的投资环境，在不同的基金品种中转换，可获取更大收益。

但专家建议投资者不要过于频繁地转换，基金与股票不同，短线投资理念往往事倍功半，使投资者疲于奔命。既然投资基金就是委托专家理财，最好还是信任专家，以免两头踏空。

专家点拨

系列基金主要包括债券型、股票型及平衡型基金。债券型基金风险非常小，变现能力强，预期收益率一般在4%~6%，可以作为大额支付的一种准备；股票型基金风险中等，收益稳定，预期收益率比债券型的要高，进行长期投资可以实现资产稳定增值，但是变现能力较弱。平衡型基金是债券型基金和股票型基金的投资组合，风险和收益都介于两者之间。

指数基金——普通投资者的高明选择

指数基金是以指数成分股为投资对象的基金。投资者可以按照证券价格指数来构建投资组合，进行证券投资，目的是使投资组合的变动趋势与该指数保持一致，并获得与股市大盘指数大致相同的收益率。通常指数基金与股市大盘指数的跟踪误差越小，投资者获得的收益就越多。一般来说，市场上通用的指数包括沪深300指数、标普500指数、纳斯达克100指数和日经225指数等，这些都是投资和构建指数基金的方向。

理财故事

亓娟今年31岁，在某医药科技有限公司任部门主管，月收入约10000元。亓娟在2004年买了一套房子自住，目前市值约120万元，尚余10万元贷款未还，此外还有12万元银行存款。

最近两年股市火爆，亓娟没有炒股，但是买了不少基金，目前市值约6万元。亓娟目前买的基金都是指数型的，今年股市前景未测，她担心指数型基金业绩不佳风险又较大，有意赎回再购买其他基金，但不知是否有必要，如果要购买其他基金，她也不知买哪种基金比较合适。

根据亓娟的自身收入条件以及目前的生活现状，理财顾问认为应当用每月部分节余的钱以定期定投的方式购买指数基金，如沪深300或中证100指数基金。

生财有道

2008年，一位投资者问股神巴菲特："如果你现在只有30岁，没有什么经济来源，也没有专业的投资理财经验和技巧。这时你通过多年的积累，有一笔足够一年半载生活的积蓄，那么，你会购买什么种类的金融产品呢？"巴菲特回答说："我会用所有积蓄购买一只低成本的标普500指数的指数基金，然后再继续努力地工作。"

为什么巴菲特会说指数基金是最佳的选择呢？指数基金究竟有哪些优势呢？

1. 费用低廉，投资成本低

费用低廉是指数基金最突出的优势，因为指数基金采用长期持有的策略，费用远远低于其他基金，有时达到了1%～3%。有人说这个金额可能是一个很小的数字，但是由于长期投资存在复利效应，对基金收益将会产生巨大影响。所以指数基金的办理费用越低，成本优势就越大，净收益也就越高。

2. 指数基金更利于分散和防范风险

指数基金广泛地进行分散投资，个股价格的波动不会对指数基金的整体表现产生很大的影响，从而分散投资的风险。另外，指数基金所跟踪的指数一般是长时间的指数，短期指数的变化对于指数基金的影响不大，投资者可以有效地预测指数基金的风险。

3. 指数基金的业绩透明度比较高

指数基金的业绩是透明的，投资者只要看到指数基金所跟踪的目标指数的涨跌情况，就可以判断出自己所持有指数基金净值的变动情况，从而降低投资的风险。如果投资者擅长判断大盘，而不擅长分析个股行情，就可以购买指数基金，以避免"赚了指数赔了钱"的情况。

4. 指数基金受人为影响比较小

一般基金需要承担非系统风险以及基金管理人的道德风险，如果基金经理人不具备专业素质和职业素养，就很可能造成投资者的损失。指数基金的投资管理主要就是对目标指数进行被动跟踪，减少了频繁的主动性投资，弱化了基金经理人的作用，从而减低了人为因素的影响。

5. 指数基金换手率低，可以延迟纳税

因为指数基金采取的是购买并长期持有的策略，换手率很低，只有在一只股票从指数中剔除，或是赎回投资的时候，投资者才会出售持有的股票，所以投资者所缴纳的资本利得税也比较少，再加上复利效应，纳税金额会长期累积，从而给投资者带来很大好处。

除此之外，指数基金也具有一些缺点，比如价格波动比较大，对于短线操作来说，需要承担较大的风险；在任何市场中，指数基金都是高仓位的，因此投资者面临着较高的股市风险。

指数基金是跟着股市跑的基金，投资者可以通过资产配置、分散投资的方式来平衡风险，所以对于个人投资者来说，投资价格低廉的指数基金是最佳的投资方式。

专家点拨

指数基金以拟合目标指数，跟踪目标指数变化为原则，属于"被动型"基金，费率通常较低，税收成本更小，而且不用担心基金经理突然改变投资组合。一般情况下，大多数主动型基金的业绩表现不如指数型基金。国外的实践已经证明了这一点，这两年国内的市场状况也在一定程度上验证了这一点。

树立风险意识，理性投资基金

投资风险和收益是成正比的，这个原则放在哪个领域都一样。基金投资也存在着风险，只是有些基金品种的风险比较大，有些基金品种的风险比较小而已。事实告诉我们，没有只涨不跌的股票市场，也没有只赚不赔的金融产品。

理 财 故 事

戚国伟是某生物科技有限公司的销售经理，收入不错，手里面经常会有些闲钱。因为他上有老人需要赡养，下有儿女需要照顾，所以他从来不敢乱花钱，就是偶尔有一些投资，他也会非常谨慎。通常他总会把暂时用不上的钱存定期储蓄，让钱安全地躺在银行里得利息。

最近他发现物价涨得很快，钱放在银行里只可能会越存越少，他觉得不能眼睁睁看着辛苦赚来的钱一点点地变少，于是就想拿出一部分钱投资一点别的理财产品，让自己的财产能够保值增值。股票、期货风险大，他不敢投资，别的他又不熟，就在他犯难的时候，当地一家商业银行的基金经理上门向他推销基金。这位基金经理告诉他投资基金没有风险，稳赚不赔，而且还不需要投入太多的时间和精力。

戚国伟早就听身边的朋友说过投资基金挣钱，现在又听到这位基金经理承诺说投资基金没有风险，只赚不赔，他心动了，随即就拿出了 3 万元购买了这位基金经理推荐的 3 只股票型基金。可是事情的发展并不像基金经理所承诺的那么好，戚国伟所投资的 3 只股票型基金全都跌了，总共损失了差不多 2 万元，戚国伟后悔莫及。

生 财 有 道

基金不仅存在风险，而且还具有自身的特点，投资者应该采取有效的方法来规避投资过程中的风险。

1. 关注基金净值，进行理性投资

基金净值代表了基金的真实价值，投资者应该关注基金净值的变化，掌握其变化规律，才能更好地进行基金投资。

一般来说，证券市场上的任何风吹草动都会体现在基金净值上，所以，关注证券市场的变化，就可以了解股票基金等高风险基金净值的变化规律。另外，投资者还可以通过基金经理人网站、交易行情系统以及媒介渠道来关注基金净值，做到理性投资，规避风险。

2. 投资问路，减少基金投资的盲目性和失误率

进行试探性投资是投资者降低投资风险的好办法。投资者刚入市时，常常无法掌握最适当的交易时机，这时可以采取投石问路的方式，先少量地购买一些基金，等到具备丰富经验后再决定是否大量购买。

3. 进行分散投资，有效地进行组合投资

分散投资是降低投资风险的最有效办法，也是最常使用的方式。一般来说，我们可以选择分散投资时机和分散投资标的、建立投资组合的方式。

4. 根据自身风险偏好和风险承受能力来选择不同种类的基金

目前，我国市场存在着很多基金种类，投资者应该对各种基金的风险有明确的了解。如果投资者偏好风险比较低的基金，且自身风险承受能力比较低，应该选择保本类基金、债券基金等低风险的基金；如果投资者偏好收益性比较高的基金，且自身风险承受力比较强，应该选择股票基金、偏股票基金。

5. 全面了解基金信息，选择业绩良好的基金

基金公司会定期披露基金信息，投资者应该掌握基金信息，获得风险提示信息，进行谨慎投资。另外，投资者应该选择市场表现优秀的基金，如果某只基金在以往半年或12个月的基金业绩比较好，收益性就比较稳定，风险性也比较小。

6. 长期持有是降低基金投资风险的有效手段

基金是长期理财投资的有效工具，持有的时间越长获得的收益就越

高，所承受的风险就越低。有投资专家曾经对投资理财做出长期跟踪，发现持有时间越长，发生损失的概率就越小。如持有一天，其下跌的可能性是45%，持有一年，其下降的可能性是34%，而持有5年，其下降的可能性是10%，若持有10年以上，其下降可能性就会降低到1%。

7. 选择恰当的交易时机

前面我们说过，恰当地把握购买和卖出的时机，就可以获得更多的收益，将风险降低到最低限度。如果投资者准确地分析市场利率的变化以及股市价格的波动，就可以选准最佳购买时机，防止被套牢的风险。

8. 货比三家，节省交易费用

投资基金需要付出一笔不小的交易费用，所以，选择一只性价比比较高的基金，降低投资的成本，就可以有效地降低投资风险。

对于投资来说，货比三家才是"王道"。目前很多基金公司和银行都会推出基金申购费用的优惠，比如，投资者在网上购买基金可以享受4至6折的优惠。所以，投资者在确定基金业绩、价格的前提下，应该选择优惠率高的产品。

另外，投资者还可以采用基金定投、选择优秀基金管理人、调整基金份额等方式来降低投资风险。

总之，投资者应该树立风险意识，在购买之前应该仔细地分析其风险性，选择适合自己的基金品种；同时千万不要在购买基金之后就将其束之高阁，应该密切留心所选基金的任何变化。只有做到了防患于未然，才能避免投资风险，获得更大的收益。

专家点拨

投资应该明白基金投资也有风险，如果不谨慎投资就会白忙一场，甚至会损失更多资金。投资者应该认识到基金投资的风险，根据基金风险的大小以及投资者自身的风险承受能力，将基金的收益和风险有效地进行配比。

第五章

安然无忧选债券，"避风港"里放心眠

和货币基金、定期存款比起来，债券具有一定的优势。债券的收益和上市公司的盈利状况关系不大，而是与利率息息相关，因此它的风险相对较低。适当地配置一些债券，虽然不会获得非常高的收益，但好处是收益较为稳定。而且，如果同时还配置一些可转债，还有可能获得很大的收益。因此，在股市前景不明朗的情况下，或者是投资者对风险控制的要求比较高的话，投资债券确实是一种不错的选择，因为它可以让你每个晚上都能睡得安心。

债券：比银行赚，比股票稳

现在，人们对投资理财的兴趣越来越强烈，而不会再像以前那样只懂得把资金存到银行，然后坐等收取一些微薄的利息。工薪族里有越来越多的人开始尝试投资股票、债券和基金等。在这几种投资方式中，债券投资的收益大于储蓄收益，而且还比股票投资更安全，因此逐渐成为家庭理财的首选。

财富故事

老郑是日照海旭医疗器械有限公司的员工，已经退休8年。在朋友们的眼里，他就是个债券迷。老郑从单位退休后在家里闲了一阵子，后来有个老同事推荐他购买国债，他感觉这也相当于是在为国家做贡献，所以就听从了同事的建议。到现在老郑在投资国债方面已经拥有了8年的经验，在这8年里他总共购入了50多万元的国债，获得了相当好的收益。

在这期间，一些朋友还建议老郑去投资股票和基金，然而老郑却很有主见，他认为股票和基金虽然资金流动性比较强，收益率也比较高，但是远远不如债券稳定和安全。尽管债券的收益不如股票和基金高，可却不用担心会遭受重大损失。他觉得自己已经老了，根本没有精力去投资股票和基金，所以他现在先只考虑让手里的钱保值，然后才去考虑增值，这样一来，自己的退休生活才会有保障。

生财有道

债券本质上就是一种债券债务证书，是一种虚拟的金融契约，它是政府、金融机构和企业等债务人向债权人发行的，并承诺按期交付利息和偿还本金的债务债券凭证，目的是直接向社会借债筹措资金。债券的发行人和投资者之间存在着一种债务债权的关系，具有法律效力，债券的发行人就是债务人，而投资者即债券的购买者，也就是债权人。

举例来说，假如你购买了 10000 元的短期国债，你就和国家形成了一种金融契约的关系，国家是债务人，而你就是债权人。等约定的期限一到，你除了收回本金之外，还可以获取相应的利息。

债券的种类不同，其获利方式和收益率也存在一定的差异。人们在投资理财的过程中，最关心的问题无疑就是它能为自己赚到多少钱，换句话说，他们关心的是债券的收益率。那么，影响债券收益的主要有哪些因素呢？

1. 票面价值

债券的票面价值是指债券的币种和票面金额，它表示发行人在债券到期日要向购买者支付的金额。债券的币种指的是债券选择作为计量单位的货币种类，它是根据债券的发行对象和实际需要来确定的。例如我国发行的债券，是以人民币作为计量单位。票面金额则是根据债券发行成本、发行数额和持有者的分布来确定的。例如我国过去曾经针对企业和大宗交易发行过面额为 1000 元、5000 元、1 万元、10 万元的国库券，针对城乡居民发行的则是面额为 1 元、5 元、10 元、20元、50 元和 100 元的国库券等。

2. 偿还期限

通常来说，债券的偿还期限可以分为三种：偿还期限在 1 年以内的称为短期债券，偿还期限在 1 年以上 10 年以下的称为中期债券，偿还期限在 10 年以上的称为长期债券。影响偿还期限长短的主要因素是债务人对资金的需求、利率的变化和证券市场的发达程度等。有时，当企业需要一笔资金来进行某个项目时，企业也会发行短期债券；反之就会发行长期债券。还有，当市场上的贷款利率较高的时候，那么企业就需要支付很高的利息，在这种情况下，企业一般也会选择短期债券的形式。

3. 票面利率

票面利率指的是债券的利息与债券票面的比率，它直接影响着发行人的筹资成本。对于发行人来说，票面利率越高，需要支付的成本就越高。相对地，对于投资者而言，票面利率越高，获得的收益也就越多。除了银行利率以外，票面利率的高低还会受到发行者的资金状况、偿还期限和利息计算方式等因素的影响。

4. 付息方式

按照规定，发行人发行债券后，就必须按期给投资者支付利息。发行人支付利息的方式通常有两种，一种是一次性付息，另一种是分期付息。一次性付息又主要分为三种形式，即单利计息、复利计息和贴现计息。分期付息则主要分为按年付息、半年付息和按季付息三种方式。

5. 债券价格

债券的面值虽然是固定的，但是它的价格却会根据利率的变化、物价变化以及市场需要的变化而波动。有很多因素会影响债券的价值，其中最主要的是待偿期、票面利率和转让时的收益率。因此，有时候债券的价格会比面值高，而有时候则比面值低。债券有两种价格：发行价格和交易价格。如果发行价格比票面金额高，就称为溢价发行；反之，当发行价格低于票面金额时，就称为折价发行；而当发行价格正好等于票面金额时，就称为平价发行。所谓交易价格，是指债券在市场上进行交易时的价格，它通常会受到利率和市场上的供求关系的影响。

6. 偿还方式

在我国，当前债券的偿还方式主要有两种：选择性购回和定期偿还。选择性购回是指在债券的有效期内，发行人按照约定的价格购回债券。定期偿还则是指债券发行一段时间后，按照约定的时间，定期偿还一定金额，如每隔半年或 1 年，直至到期后偿还全部金额。

7. 信用评级

债券的信用评级很重要，投资者应该给予重视，因为它直接关系到你的投资能否有所回报。假如一家企业的信用评级较低，那么就意味着它很有可能会出现到期无法偿还本息的情况。无视债券的可靠性和安全性，为了获得高额利息而盲目地进行投资，这是投资者的大忌，很容易让自己多年的存款付之东流。

近几年来，全球屡屡爆发金融危机，股市的巨大动荡让许多股民谈虎色变，也令一些原本想要投资股市的人望而生畏，他们开始将股市里的钱分流出来，转而投资更为安全可靠的债券。于是，债券投资开始在金融市场中崭露头角，国债、金融债券以及可转债等越来越得到稳健型投资者的青睐。

随着社会经济的日益发展，出现了花样繁多的债券融资方式，债券的发行者在形式上不断创新，目的就是吸引更多的投资者，因此市场上的债券品种越来越丰富，越来越让人眼花缭乱。作为投资者，应该时刻保持头脑清醒，客观地认识和比较各种债券的优缺点，最终挑选一款适合个人家庭的产品。

专家点拨

尽管当前的金融市场具有极大的不确定性，然而通货膨胀率并不太高，因此投资理财应该本着稳健保守的策略。个人家庭理财完全可以选择部分国债，或是货币基金等投资方式，这样既可以获得不错的收益，又能够避免自己的资产缩水。

国债：信用度最高的债券

国债是一种极为稳定的理财工具，因为它有国家信用作为担保。下面的故事就是一个关于国债投资的例子。

财富故事

王大娘是一名普通工人，今年刚从济南康民药业科技有限公司退休，拿到了一笔为数不少的退休金，为了提高自己的晚年生活质量，王阿姨打算拿这笔钱去进行投资理财。王阿姨来到银行后，理财经理让她先进行风险承受能力测试，测试的结果显示王阿姨不适合参与高风险投资，只适合投资低风险产品。最后，王阿姨在理财经理的建议下，将自己的这笔资金分成了两部分，一部分被她存了定期，另一部分则被她投资了国债。

生财有道

那么，我国国债具有哪些特征呢？

1. 安全性高

众所周知，在证券市场上，国债的理论风险为零，是信用等级最高、风险最小的一种债券，投资者完全不必担心自己的投资打水漂。只要国家经济能够持续稳定发展，不出现巨大的经济震动，国债的安全性就能有保障。

2. 流动性强

由于国债的信誉高，因此它的流动性非常好，在市场上很容易交易和变现。只要投资者想将手中持有的国债变现，随时都可以进行交易。

3. 收益稳定

国债通常都会规定固定的偿还期限，利息率也较为稳定。而且，国债的利率要高于储蓄的利率，不会因为银行利率的变化而变化，还不需要缴纳利息税。所以国债受经济波动的影响非常小，收益比较稳定。

4. 交易场所多

国债的交易场所比储蓄和股票多，投资者可以在全国银行间的债券市场、商业银行柜台债券市场、上海证券交易所和深圳证券交易所等场所进行交易。如此多的交易场所不仅让国债的交易十分便利，同时也有利于国债的流通。

目前，我国发行的国债主要有凭证式国债与记账式国债两种。

1. 凭证式国债

凭证式国债和储蓄类似，因此也被称为储蓄式国债，它是国家以收款凭证记录债权的方式来发行的债券。凭证式国债可以记名和挂失，但是投资者不能在市场上进行自由买卖。不过，它很容易变现，投资者可以提前到原购买网点兑现。投资者如果需要提前兑取，若期限超过半年，还能够按照实际持有的天数和相应的利率档次获得相应的利息。但是，投资者需要注意，假如你需要提前支取，那么就需要支付本金1%的手续费。因此，凭证式国债比较适合那些资金充足且闲置时间较长的投资者，特别是那些将存款存下来养老的中老年人。假如投资者投资的时间比较短，而且需要不定时使用资金，那就不太适合了，这种情况下最好不要选择购买。一旦提前支取的手续费比能够得到的利息还高，那就得不偿失了，在这种情况下，投资者可以选择不收手续费的储蓄方式。

2. 记账式国债

记账式国债，又叫无纸化国债，顾名思义，是国家通过无纸化方式发行的，以电脑记账的方式来记录债权，并且可以上市交易的债券。投资者在购买债券时无须持有实物债券，而是需要在国债登记机构中开设证券账户，投资者持有国债的凭证就是所持有的收据或对账单。记账式国债可以自由买卖，可以记名、挂失，比起凭证式国债来，记账式国债更加安全、便捷。投资者一般可以通过证券交易所、商业银行的柜台等机构进行自由买卖和交易。因为它的交易记录在电脑系统中，所以大大提高了安全性，能有效避免证券的遗失、被窃与伪造等情况的发生。

3. 投资凭证式国债和记账式国债的技巧

上面说过，凭证式国债适合长期稳健的投资者，记账式国债则适合三年以内的短期投资，后者尽管其收益较高，但却具有一定的风险性。因为它与股票一样，在上市后会随着市场价格的变动而波动。长期持有的话，如果市场出现了动荡，投资者就有亏损的可能。因此，投资记账式国债更适合年轻投资者来进行投资，因为它更需要对市场信息和利率变化具有敏感的洞察力。

不过，投资记账式国债也是有技巧的。因为它的净值变化是有一定规律的，在发行期刚刚结束与上市交易刚刚开始的这一段时间，最容易发生变动。一般来讲，这段时间债券会出现溢价或贴水（即债券以低于票面价值的价格出售）的情况。过了这段时间以后，国债的价格就会相对稳定许多。换句话说，投资者应该尽量避开这个时段，这样就可以有效地规避国债价格波动带来的风险，收益也会相对稳定许多。

凭证式国债和记账式国债在发行方式、流通交易、还本付息等方面，都存在许多不同点。投资者在进行投资时，应当根据自己的实际情况来进行选择。

假如你投资仅仅是为了储蓄，获得相对稳定的利息，那么就应该采取稳健的投资策略，购买收效较为稳定的凭证式国债，并且一直持有到最后期限。而假如你投资是为了利用市场波动来获得收益，那么就可以选择短期的国债。不过，前提是你要熟悉债券和市场，可以敏锐地洞悉市场的变化规律，对于市场和债券的走势还要有较强的预测能力。通常来讲，投资者可以像股票投资一样采用"低买高卖"的手法，如果预测债券的价格会上升，就在价低时买进，然后等到价格上涨后卖出，以获得较高的收益，不过，这样做也将面临一定风险。你能获得的收益，完全取决于你对市场的把控能力。

专家点拨

世界上不存在稳赚不赔的投资，如果投资者不能很好地掌握国债理财的技巧，也不可能有较高的收益，甚至还可能遭受亏损。因此，尽管国债这种投资方式受到广大投资者的追捧，可是投资者也不应该盲目地进行投资，切忌由于一时冲动，看到别人买什么自己就跟风买什么。

公司债券：分享公司发展的红利

国债由于它的安全性受到了稳健投资者的追捧，而公司债券则由于其较高的收益率受到了更多投资者的青睐。公司债券的信用状况比不上国债，而且它的价格也会发生明显的波动，不过它具有收益率高的优势。公司债券的收益率通常可以达到 10% 以上，有些高风险债券的到期收益率甚至高达 11% ~ 13%。对于投资者来说，这样高的收益率无疑是一个巨大的诱惑。

财 富 故 事

山东朱氏药业集团发行了一笔公司债券，到期日是 2023 年 1 月 1 日，在 2020 年 6 月 1 日这笔债券投资者有一次回售的权利，价格是 100 元，票面利率 5.65%。到了 2016 年 6 月 1 日，在扣除 20% 的利息税后，每张债券就可以获得 13.56 元的利息。

假设该债券当日的收盘价是 87 元，投资者就可以赚取 13 元的差价，换句话说，投资者在持有到期后，可以从每张债券获得 13.56 + 13 = 26.56 的收益，其总收益率是 26.56/87 × 100% = 30.52%。由于还有 2 年 7 个月的时间才到期，因此在持有到期的时候，投资者所获得的每年平均收益率高达 12% 以上。

生 财 有 道

有许多专业分析师认为，一旦债券的收益率超过了 9%，就属于高收益率债券，而伴随着高收益的就是高风险。那些发行高收益率债券的公司通常其信用等级也比较低。只要该公司不出现经营不善等问题，那么投资者可以获得十分可观的收益；可是，公司一旦出现了经营问题，投资者就可能蒙受重大损失。因此，投资者在选择高收益率债券前，应该针对以下两个问题进行综合考量：首先，要考虑该债券的信用评级的高低。评级越高的债券通常其安全性也越高；其次，还要考虑该企业的行业发展前景如何、经营业绩是否持续上升、资产负债率高低、利息保障倍数高低以及是否有信誉高的担保人等。

简单来讲，投资者应该优先选择那些评级高、有担保、抵押充足、有政府或大国企背景的债券。这样才能在获得较高收益的同时，还能拥有一定的安全系数，让自己的钱包快速地鼓起来。

在投资公司债券之前，我们应该首先彻底了解公司债券的主要特征和潜在的风险性，然后再根据自身的实际情况来进行选择。假如投资者在对公司债券根本不了解的情况下，就贸然进行投资，很可能会让自己的资金付之东流。

1. 公司债券的含义以及其特征

简言之，公司债券就是股份制公司按照法定程序发行的，承诺在未来的特定日期偿还本金并且支付利息的一种有价证券。

每种债券都有其特征，公司债券除了具有债券的偿还性、流通性、安全性、收益性等共同特征以外，还有一些自身独有的特点。购买公司债券与其他债券比起来，需要承担更高的风险性，其中最大的风险就是公司违约的风险。我们知道，公司支付债券本息的能力依赖于其经营状况和盈利能力，一旦公司或企业发生了经营不善的情况，无法按照规定来支付投资者的本息，那么其债券的价格就会大幅度地下降，投资者将会蒙受很大的损失。

造成公司债券无法兑现的情况有很多可能性，主要有以下几种：

（1）企业项目选择出现问题，建设周期过长，所用资金在短期内不能产生经济效益，企业未能实现盈利。

（2）企业在筹集资金之后，将资金挪作他用，而并未用于投资项目。

（3）公司发行债券时都需要有一个担保人，而当这个担保人自身的财务状况出现问题的时候，债券自然也就难以兑现了，因此，投资者在购买某企业的债券之前，不但要考察本企业的财务状况，还要对相关担保人的财务状况进行考察。

同时，投资者在购买公司债券时，除了要承担公司违约的风险，还要承担其他风险，例如利率风险、流动性风险、再投资风险和通货膨胀风险等。

2. 公司债券和企业债券的区别

在欧美发达国家，没有公司债券和企业债券之分，可是在我们国家，二者却存在着很大的不同。

投资者在进行投资时，一定要分清所选的债券到底是公司债券还是企业债券。二者的区别如下：

（1）发行主体不同：公司债券是由股份有限公司或有限责任公司发行的，而企业债券是由中央政府部门所属机构、国有独资企业或国有控股企业发行的。

（2）二者的信用度不同：由于企业债券有政府做担保，因此信用度较高，而公司债券的信用度则只取决于公司的经营状况、盈利水平和可持续发展能力等。

（3）企业债券发行余额不得超过企业净资产的40%，而公司债券却没有这样的限制。

专家点拨

在我国，目前有几百万家不同种类的公司，其中，仅有20多万家属于国有企业。因此，企业债券相对于公司债券更具有优势。国有企业不但拥有雄厚的财力物力，而且还有政府担保的信用基础，因此它的安全系数比较高、风险较小。投资者在选择债券时，一定要慎重地进行考虑，千万不要因为追求高收益率而忽略了风险性。

金融债券：利率和风险适中的债券

金融债券是指由银行等金融机构为了筹集资金而向社会发行的一种有价证券。由于银行等金融机构具有较高的资信等级，所以金融债券信用度比较好，无须担保。

财富故事

金小姐在购买国债进行投资时，无意间了解到了金融债券这一债券品种。最近，她听说某商业银行发行了最新的金融债券，于是她早早地去银行排队购买。

没想到，近半个小时过去后，银行工作人员却告诉金小姐，该期已经售罄。因为金融债券的全国统一发行时间是8：30，而银行网点9：00才开门，这样一来投资者就很容易遇到金融债券已被提前抢购一空的情况。

投资者在购买金融债券之前，一定要了解清楚金融债券的开售时间和发售额度等信息，此外，选择那些规模较小的银行，有助于提高购买的成功率。有条件的投资者可以选择在网上银行购买金融债券，这样既不用到银行排长队，也能让自己更快地买到金融债券。

生财有道

1. 金融债券的分类

投资者首先应该了解清楚金融债券具体有哪些种类，以及它们各自的特点，只有这样才能够正确选择一款适合自己的金融债券。

可以根据不同的划分标准，将金融债券划分为许多种类。其中最常见的分类方法，主要有以下两种。

（1）按照支付利息的方式不同，可以分为附息金融债券和贴现金融债券。所谓附息金融债券，就是金融机构按照规定的期限，定期支付给投资者利息并且附有多期息票的债券。例如，某银行发行了期限为 1 年的附息金融债券，其年利率为 3.5%，按照半年支付利率，投资者在到期时就可以领取相应的利息。

贴现金融债券指的是金融机构以低于面值的价格贴现发行，到期按照债券的面值还本付息的债券。比如，某银行发行了期限为 1 年的贴现金融债券，票面金额为 100 元，发行价格是 89 元，到期后，银行应该支付给投资者 100 元。投资者的利息收入为 11 元，其实际年利率就是 12.35%。

（2）按照金融债券的发行条件不同，可分为普通金融债券和累进利息金融债券。普通金融债券是按照面值发行的，到期一次性还付本息。一般期限有 1 年、2 年和 3 年这几种。它的利息是固定的，和银行的定期存款差不多，不过要比存款利率高一点。累进利息金融债券的利率则是不固定的，其利率会随着债券期限的增加而累进，逐年递增。例如，你购买了某商业银行面值为 1000 元的 5 年期金融债券，那么，这几年的利率将分别为 10%、11%、13%、14% 和 17%。比起普通金融债券的收益来，这种金融债券的投资收益要高出许多，而且，在一年后，可以随时兑现。这种债券的优势在于它的投资期限越长，利率就越高，投资者相应获得的收益自然也就越高。此外，这种债券还可以用于转让和抵押，流通性比较强，而且投资者获得的利息收入还会被免征个人收入调节税。所以，假如你的手中正好有一笔闲置的资金，想要长期投资，那就选择金融债券吧。

（3）金融债券还有一些其他的分类标准。如：根据期限的长短，可分为短期债券、中期债券和长期债券；根据是否能够提前收回，可以分为可提前赎回债券和不可提前赎回债券；根据票面利率是否变动，可以分为固定利率债券、浮动利率债券和累进利率债券。

2. 金融债券的特征

金融债券与其他债券相比，具有以下几点特征。

（1）金融债券的信用等级较高。众所周知，在市场经济条件下，银行等金融机构在国家经济中具有特殊的地位和影响力，各国政府无一例外都会对金融机构实行严格的监管制度，以确保金融业的安全运行和国家经济的稳定发展。因此金融机构的信用度比企业高得多，金融债券的安全性自然也就远远高于普通的公司债券。

（2）金融债券的利率形式灵活多样，收益率较为稳定。虽然金融债券的利率比公司债券低，但与银行存款利率和国债利率相比，还是高出不少，投资者的收益也相对稳定。

通常来讲，金融债券的利率有固定利率、浮动利率和贴现利率等之分。

固定利率是指在借贷期内利率是固定的，即无论市场利率如何变化，借款人都不需要随行就市，只需按照固定的利率支付利息，这是一种较为传统的计算方式。

浮动利率则是指债券的利率会随着市场利率的变动而变动。在一般情况下，中长期的债券更适合采用浮动利率，它会受到市场利率和通货膨胀的影响。

贴现利率是央行调控市场利率的重要工具，当商业银行需要调节流动性时，向央行付出成本，从而达到调控整个货币体系利率和资金供应状况的目的。

例如，某银行在全国银行间市场发行了一笔规模为 40 亿元的金融债券，其中三年期债券为 35 亿元，利率为 3.25%，五年期债券为 5 亿元，利率为 3.4%。如果三年期债券按照固定利率进行计算的话，那么，如果投资者购买了 2000 元的三年期债券，其到期的收益就是：

$$2000 \times (1+3.25\%)^3 = 2201.41 \ 元$$

$$2201.41 - 2000 = 201.41 \ 元$$

如果五年期债券按照浮动利率进行计算，其中前两年利率为 3.4%，后几年因为市场利率的变化上涨到 3.5%，那么，如果投资者购买了 2000 元的 5 年债券，其到期所获得的收益就是：

$$2000 \times (1+3.4\%)^2 = 2138.31 \, \text{元}$$

$$2000 \times (1+3.5\%)^3 = 2217.44 \, \text{元}$$

$$(2138.31 - 2000) + (2217.44 - 2000) = 355.75 \, \text{元}$$

（3）金融债券的期限主要是中长期。企业债券则有一年以内的短期债券和一年以上的中长期债券之分，具体视企业实际情况而定。为此，金融债券更适合那些资金充裕，并且投资偏向保守的投资者。

专 家 点 拨

　　金融债券并不适合所有的投资者，通常比较适合那些缺乏投资经验的中老年投资者，可用于避险增值。如果您是有投资经验的投资者，则不妨关注在交易所上市的金融债券。投资交易所上市的金融债券可以采取不同的策略，既可以持有金融债券到期，获得定期的利息收益，也可以通过买卖赚取收益。

掌握投资策略，提高债券收益

　　追求高收益率无疑是每个投资者进行投资的最终目的，然而，并不是所有的投资都能收获预期的回报。想要提高债券投资的收益率，投资者就必须对影响收益率的因素进行一番综合考量。

财 富 故 事

　　廖志强购买了 50000 元某企业发行的企业债券，其票面利率为9.8%，期限为 1 年。廖志强觉得这债券的票面利率这么高，满心以为到期后自己能收获一笔可观的利息。没想到到期时，廖志强所获得的收益却远远低于他的预期，这让他大惑不解，于是便去请教专业理财师。经过理财师的一番讲解他才明白过来，原来票面利率并不是决定债券收益的唯一要素，想要获得更高的收益，还需要综合考虑其他方面的影响。

生 财 有 道

影响债券收益率的因素主要有以下几个方面。

1. 影响债券收益率的主要因素

（1）债券票面利率。这无疑是一般的投资者最先考虑的因素。因为票面利率越高，债券收益越大。如果债券的票面利率比较低，投资者能获得的利息就比较低，收益自然也就不会高。

（2）债券的市场价格。无论是债券投资还是股票投资，低买高卖，通过赚取差价获得收益这个最基本的原则是每个投资者都应该熟练掌握的。投资者必须及时掌握市场信息和债券交易价格的变动情况，及时将自己手中的债券卖出更高的价格，从而获得更高的收益。

（3）利息支付频率。在我国的金融市场上，较常见的利息支付频率有：每季度付息、每半年付息、每年付息和到期还本付息。在债券的有效期内，债券的价值与利息支付的频率成正比，利息支付频率越高，债券的实际年利率就越高，债券的价值也就越高；反之，债券的价值就越低。

（4）债券的持有期限。我们在前面已经说过，许多债券采用累进利息的计算方式。换句话说，投资者所获得的收益会随着持有债券的时间增加而增多。

2. 提高收益率的方法和策略

投资者可以依据自己投资债券的目的，去选择不同的投资方法和策略。

（1）买入持有、到期兑现。如果你对债券交易并不熟悉，投资的目的只是稳健保值，那么你就应该采用比较保守的投资策略。你应该先考虑自己的可用资金数量，以及是否能够长期闲置的问题，然后再根据资金的可用期限来选择相应的债券种类，要么选择中长期的国债，要么就选择信誉度较好的金融债券，持有至到期。举个例子，假设你在 2020 年 1 月 1 日买入了 10000 元的 5 年期国债，票面利率是 5.58%，利息每年支付一次。在不考虑复利的情况下，你每年可以获取利息收入 558 元，5 年到期后，你总计可获利 2790 元。

（2）低价买入，高价卖出。如果你具备专业的理财知识，且具备冒险精神，那么你可以考虑短期持有高收益率的债券，通过低价买入高价卖出的方式从中赚取高额的差价。

这种投资方法和投资股票一样，都需要投资者具有敏锐的分析能力，以及在债券市场的风云变幻中抓住机遇的能力。

举个例子，有位投资者通过分析市场信息和 A 公司的财务状况，预测 A 公司的债券在短期内可能会上涨。于是他在 2020 年 6 月 3 日买入 100 手，每手的面值是 1000 元，每只债券价格为 143.00 元，共投入成本 143000 元。2020 年 9 月 4 日，该债券价格涨到了 146.35 元，此时投资者将手中持有的债券卖出，持有期为 91 天。在不考虑复利的情况下，该投资者获利（146.35－143.00）×1000＝3350 元，其收益率为 3350÷143000×（365÷91）×100%＝9.40%。

（3）回购套做。什么是债券的回购套做呢？要说明这个问题，首先要解释一下什么是回购利率。它一般是指国债的回购利率，即使用国债借钱需要偿还的利息，又称为 7 天回购利率。

例如，投资人甲的手中有一笔国债，在短时期内无法变现，但是甲最近需要一笔资金周转，而此时投资人乙的手中正好有一笔闲置的资金，那么甲就可以选择将手中的国债抵押给乙，然后向乙借钱来进行周转，借款的期限是 7 天，双方商定了回购国债的利息率。7 天之后，甲只有向乙偿还了贷款的本金和利息，才能回购这笔国债。

如果国债收益率大于回购的利率，投资者就可以通过购买国债后再回购，然后用回购资金再买国债的方法来获取更多收益。

我们可以举个简单的例子来说明。

投资人甲以 143.00 元的价格购买了 100 手国债，每手的面值为

1000 元，共投入资金 143000 元。随后，甲将国债抵押给了投资人乙，获得了 100000 元的可回购资金，然后又购买了同一种国债 70 手（即 100000÷143.00-69.93），票面利率为 3.27%。

3 个月后，甲将手中持有的国债全部卖出，卖出价格是 146.53 元。那么投资者可以获利：（146.53-143.00）×1700＝6001 元。

而甲回购国债需要支付的利息为：3.27%×70000×91÷365＝570.68 元

这么一来，甲在这笔交易中获得的实际收益就是 6001-578.60＝5430.32 元，实际收益率为 5430.32÷143000×（365÷91）×100%＝15.23%。

从以上的案例中，我们可以看到，在买入价格相同、持有期相同，价格也相差无几的情况下，投资人甲通过回购的操作，提高了自己的收益，收益率也由原来的 9.40% 提升到了 15.23%。如果投资者再用相同的操作继续进行几次回购，其收益率还会继续提高。因此，通过回购的方式进行投资，也是投资者增加投资收益，提高收益率的一种有效方式。

专家点拨

提高债券的收益率并没有大家想象的那么困难。只要投资者根据个人资金的实际情况，经过科学分析，选择一种适合自己的投资方式，并且掌握了相应的投资技巧，就一定能够获得更多的收益。

规避投资风险，获得丰厚回报

经过以上的讲解和介绍，大家已经知道了，债券是一种低风险的投资，特别是以国家信用作担保的国债，风险更是接近于零。那么，这是否表示投资者在投资债券时可以不考虑风险呢？肯定不是！

财富故事

2015 年，鹏元资信评估公司将 2012 年江苏飞达集团的公司债券（简称"12 苏飞达"）评级由 AA 下调至 BB+，评价展望为负面，原因是该公司上年度出现了 2.78 亿元的巨额亏损，且已有共计 3.74 亿元的多笔银行贷款出现了逾期，账上可用资金仅余 165 万元，偿债面临较大的不确定性。

在此以前，已经有湘鄂债、天威债等多家企业债出现违约，被暂停上市，飞达债极有可能成为下一只。每当债券发行人面临债务违约风险时，公司债券往往会在短期内出现急剧下跌，给广大的投资者带来巨大损失。

2013 年 6 月，由于市场担心华锐风电因现金流问题出现债务违约，导致该公司债券价格一路狂跌，从 6 月初的 100 元跌至 8 月初的 74 元，跌幅高达 26%，假设有投资者以 100 元的面值买入该债券，那么在这两个月里，将损失惨重。

生财有道

投资者在购买债券时，应该具体从以下几个方面去规避风险。

1. 购买力风险

当发生通货膨胀的时候，物价就会上涨，货币的购买力会下降，原本 100 元可以买到的东西，现在可能需要 120 元才能买到。此时投资者所获得的实际收益也会随之减少，因为债券的实际利率要扣除通货膨胀率。因此，当通货膨胀率超过债券的票面利率时，投资者的资金就会大幅度地缩水。

2. 利率风险

大多数债券都有固定不变的票面利率，当市场利率上升时，债券的价格就会下跌，投资者就会遭到损失。所以，投资者要随时观察市场利息的变化，不要长时间持有某一债券，因为离债券到期日越长，就越可能出现利率的变动，投资者所需要承担的风险也就越大。

3. 经营风险

在通常情况下，公司债券的经营风险比较大。一旦公司管理者在经济管理中出现了问题，如投资决策失误、项目失败等，就会严重影响企业的财务状况，导致公司债券的价格大幅度下跌，此时，持有该公司债券的投资者就会遭到严重的损失。

所以，投资者在选择债券时，一定要选择那些信誉度好、可持续发展的企业，如此才能有效地规避债券投资的经营风险。

4. 流动风险

什么是流动风险呢？许多投资者经常利用低买高卖的手段来进行短期投资，赚取债券价格差所带来的收益。然而，并非所有的投资者都具有洞察市场信息的敏锐眼光，大多数的投资者在购买了某只债券以后，往往无法在短时间以内用一个合理的价格卖掉。此时投资者所面临的风险就是流动风险。

尽管市场上债券的品种很多，可是流动性各有不同。有些债券的流动性比较强，很快就可以进行交易，这就是通常说的热销债券，它的周转速度非常快，投资者可以快速进行交易并获得相应的收益；有些债券的流动性却很差，可能在很长的时间里都无人问津，这就是所谓的冷门债券，尽管它们的价格比较合理，可实际上却流动性极差，经常出现有价无市的情况。如果投资者因为没有考察清楚而购买了这种债券，那么，极可能在很长的一段时间内无法脱手。想要变现的话，就只能选择低价卖出了。

5. 再投资风险

其实，再投资风险本质上就是利率风险的问题。有一些投资者为了规避利率风险，选择了短期投资的方式，可是当投资者卖出短期债券而选择再次投资时，就将面临再投资风险。

假设投资者的手里有一笔20万元的闲置资金，他想以此进行债券投资。此时他面临两个选择，一是购买三年期的中长期国债，利率是10%；二是进行短期投资购买某企业债券，利率是12%。经过权衡，为了减少利率风险，他选择了短期债券。可是当这位投资者卖掉了该企业的债券，收回资金后，短期债券的利率已经降到了8.8%。这么一来，他就很难找到更好的投资机会了，算起来，他两次投资的总收益还不如一开始就购买中长期国债。

6. 违约风险

违约风险和经营风险差不多，假如发行债券的单位无法按时支付债券利息或偿还本金，投资者就会蒙受重大损失。发行单位不能按时偿债的原因有很多，其中最常见的原因是其生产经营出现了问题。

7. 事件风险

在市场经济中，常常发生一些无法预测的事件，例如国际形势变化、国家突发自然灾害、企业发生火灾等等。这些意外发生的事件都可能会影响到金融市场的正常运转，从而进一步影响债券价格的波动。不过，国家的一些政策性调整，也会刺激债券价格的上涨，例如颁布了有利于行业发展的政策等。

因此，投资者在购买债券时，应该重视事件风险。一般来说，债券期限越长，市场上发生不可预测的事件的可能性就越大，因此市场上期限较长的债券的价格自然也就相对低一些，投资者在选择的时候应该慎之又慎。

专 家 点 拨

债券投资永远不可能稳赚不赔，它仍然具有一定的风险。投资者在进行投资时，必须事先对各种风险有一定的认识，并且应该加以预测和衡量，采用适当的方法规避风险，以在保障安全性的前提下让自己获得最大的收益。

第六章

拒绝保单"套路",给人生系上安全带

胡适先生曾经这样评价保险："保险的意义，只是今日做明日的准备，生时做死时的准备，父母做儿女的准备，儿女幼小时做儿女长大时的准备。今天预备明天，这是真稳健；生时预备死时，这是真豁达；父母预备儿女，这是真慈爱。能做到这三步的人，才能算作是现代人。"在投资理财中，保险虽并不能说是最好的增值品种，但其独有的保障功能仍然让它受到人们的青睐。可是，面对巨大的保险市场，名目繁多的保险品种，你到底需要的是哪种产品，怎样才能让保险既能够保障你的财产，又可以有一定的升值空间，让你获取超值收益，这恐怕是每个人都应该去了解的内容。

因时制宜买保险，未来生活更安心

在我们的人生历程中，我们在不断积累财富的同时，又不断地在进行着消费。当我们的财富无法支撑巨额消费，经受不住天灾人祸、疾病和破产等意外时，我们就需要一份保险来为这些意外消费买单，以确保我们的身体健康、生活和财富的安全。

财富故事

2015 年，黄旭从大学毕业，到山东景天堂药业有限公司当业务员，公司按照规定给他上了"五险一金"。黄旭在工作中非常努力、业绩十分突出，很快就收获了许多的人脉和经验，在业务领域闯出了一片天地，也算小有成就。于是，工作了 3 年后，黄旭与朋友合伙创业，开办了一家销售公司。在创业初期，资金上比较短缺，因此黄旭就没有继续缴纳社保。不久，黄旭由于劳累过度，身体健康方面出了问题，于是他拿着医保卡去医院检查，但当他准备使用医保卡付费时，却发现不但里面的余额只剩下几百块钱，而且医保卡也因为之前他没有补交保费而失效了。

生财有道

在当前的保险市场上，保险产品纷繁复杂，已经渗入了生活的方方面面，我们只有了解保险的分类方法，学习每类保险的主要内容，才有可能在众多的保险产品中选择一款适合自己的产品。按照保障内容进行分类，保险可以分为：意外保险、健康保险、寿险、养老保险和子女教育保险。按照保障性质进行分类，保险可以分为：保障型保险（如人身保险、死亡保险、财产保险、养老金保险等）、理财型保险（如万能险、分红险、投连险等）和投资型保险（分红险、万能寿险、投资连结险）。按照保障时间进行分类，保险可以分为：短期型、长期型和终身型。

那么，什么样的保险产品才适合我们呢？

1. 社会保险

社会保险是最基本的保险，是我们一生中必不可少的一种保障。它主要包括我们最熟悉的养老保险、医疗保险、失业保险、工伤保险和生育保险等几种。其中，养老保险、医疗保险和失业保险由企业和个人共同缴纳保费，而工伤保险和生育保险则是完全由企业承担的。

社会保险是国家为了预防和分担年老、失业、疾病以及死亡等社会风险，强制社会多数成员参加的保险，也是社会保障制度一个重要的组成部分。

（1）养老保险是为了保障晚年退休后的生活，购买保险的人在到达法定的退休年龄之后，可以从政府和社会得到一定的经济补偿。没有缴纳养老保险的人，在自己 30 岁之后一定要记得为自己购买一份养老保险，为即将到来的老年生活做好保障。通常情况下，个人至少需要缴满 15 年才能领取养老金。

（2）医疗保险对居民也有十分重要的作用，一般的缴纳标准是：单位缴纳 8%，个人缴纳 2%。当个人因为疾病需要住院或抢救、急救时，定点医疗机构或定点零售药店会按照一定的比例为其报销医药费用，减轻居民的就医负担。

（3）工伤保险也叫职业伤害保险，假如劳动者由于工作的原因受到意外伤害，或是罹患了职业病，国家和社会将给予劳动者或家属一定的补偿，这是对于职工身体健康的保障。

（4）失业保险和生育保险同样也是国家和社会为劳动者提供的一种保障，失业险可以保障失业人员的基本生活；生育险则保障的是女性职工的生育权利，其中包括生育津贴和生育医疗服务两项内容。

2. 人寿保险

人寿保险简称寿险，是人身保险的一种。寿险是保障型保险的重中之重，寿险是整个家庭不可缺少的重要保障，可以保障投保人的权益。

世事无常，在漫长的一生中，谁也无法保证自己永远不会遇到意外事故，也无法保证自己不得重大疾病。事实上，在这个世界上，每天都会发生无数的意外事故，如重大疾病、地震、海啸、火灾、空难、车祸、恐怖袭击等等。一旦发生了意外，或是染上重病，对于普通人甚至整个家庭，都是灭顶之灾，不仅在肉体和精神上受到严重伤害，在经济上也会遭遇重大损失和危机。而如果提前选择了人寿保险，就可以在经济上一定程度地保障家人的生活，使生活不至于过分窘迫。

寿险主要包括终身寿险和定期寿险，定期寿险的期限有 10 年、15年、20 年，或到 50 岁、60 岁等约定年龄等多项选择。

寿险可以分为意外险和重大疾病保险两种。在所有寿险中，意外保险是最简单的一种，当被保险人由于意外事件导致身体受到伤害、残疾或身故时，保险公司会按照保障金额，根据医院伤残等级的结论以及公安机关出具的相关证明，支付给被保险人一定的赔偿。意外险承保的范围包括火灾、交通事故、地震海啸以及恐怖袭击等意外事故。除此之外，重大疾病险也是一种十分重要的保险，对于大多数的现代人，特别是中老年人来说，患上各种各样的疾病（如心脏病、癌症、脑部疾病等重大疾病）的概率也越来越高。被保险人只要事先投保了重大疾病险，就可以在患病期间，获得相关医疗费用的报销，包括手术费、住院期间治疗和医药费等。

很多人觉得，我已经在企业里交了"五险"，就没有必要再买人寿保险了！其实，这种观念是个误区，五险只能够保障我们的一些最基本的生活，对于人生中可能遭遇的意外事故和重大疾病，它却无法替我们承担。

3. 少儿险

对于每个家庭来说，孩子都是全家人的希望所在，每一个做父母的，都会希望自己的孩子能够健康快乐地成长，并且可以得到良好的教育。然而，广大的工薪阶层家庭难以为孩子提供更好的经济条件。少儿险就是专门为孩子设计的险种，它可以解决孩子在成长过程中所需要的教育费用、婚嫁费用，并帮助应对孩子可能面临的疾病、伤残和死亡等风险。

少儿险主要包括少儿意外伤害险、少儿健康医疗险及少儿教育储蓄险。少儿意外险主要是针对孩子由于意外事故而产生的伤害。我们都知道，孩子的天性就是活泼好动，有强烈的好奇心，而且缺乏安全意识，很容易发生碰撞或跌落等意外。因此，孩子发生意外的可能性比成年人更高。少儿医疗险则主要是针对孩子因为疾病而进行的医疗，保证孩子得到优质、快速的医疗服务，让孩子健康快乐地成长。少儿教育险则是家长为孩子将来能够受到更好的教育而做的一项长期性计划。这种保险类似于储蓄投资，通过积少成多的方式来保障孩子将来拥有足够的教育费用。

4. 财产险

当你的财产因为意外事故发生损失时，如果你提前为自己的财产进行了投保，保险公司就会按照一定比例进行赔偿，从而为你减少一定的损失，这相当于给你的财富上了一道安全锁。

财产险包括家庭财产险、货物运输保险、运输工具保险、农业保险和工程保险等许多种类。

5. 投资理财型保险

保险不仅是一种保障，同时也是一种投资理财工具，投资保险可以让我们同时兼顾保险与收益。目前市场上的投资理财型保险主要包括三种：万能险、分红险和投连险。投资者可以从保险中获得分红和利息，特别是投资连结险，和债券、股票一样，可以让投资者以最低的成本获得最好的收益。投资连接险同样也有一定的风险性，投资的盈利和亏损完全由客户个人负责，保险公司不承诺保本。

综上所述，社保和寿险都是必不可少的最基本的保险。除了这两种保险，投资者还可以根据实际需要为自己购买一份或多份保单。正如胡适先生所说，保险的意义就是今日做明日的准备，我们只有未雨绸缪，防患于未然，才能为自己未来的生活上好"保险"。

专家点拨

> 如今，保险的重要性已经不言而喻，无论是公众明星还是平头百姓，无论是达官贵人还是工薪阶层，人们普遍都建立起了保险意识，并愿意为自己购买上一份保险。其实，保险已经不仅仅是对风险的一种保障，同时也是一种理财行为，不但可以保证我们未来生活的安全，还能够为我们带来更多的收益。

人有旦夕祸福，寿险保单为你护航

俗话说："天有不测风云，人有旦夕祸福。"在人生的漫长旅途中，死亡、衰老和疾病等总是伴随着我们每一个人，这是一个我们永远无法逃避的话题，突如其来的意外和疾病威胁着我们和家人的生命安全，给我们的家庭带来巨大的痛苦和难以承受的经济压力。

财富故事

一天，有一位保险推销员去拜访一位客户，想劝他购买保险，可是他的这位客户认为，他需要的是时间，而并不需要保险，因为在他看来，只有足够的时间才能为他创造出很多的财富。于是，这位推销员问他："你真的那么需要时间吗？"

这位客户朋友毫不犹豫地立刻回答道："是的。"

"那么请你告诉我，谁能够给你时间？"推销员继续追问。

"只有上帝。"

"哦，你说得对，除了上帝之外，没有人有能力给予你时间。可是，我想请问你，假如有一天你告别了这个世界，你的家人是否还要继续生活下去？"推销员平静地问道。

这位客户朋友听完这番话，立刻沉默了，陷入了深深的思考之中。

推销员继续说道："人总有一死，而且还经常走得不是时候。实际上，绝大部分的人都是在最不该离开的时候离开，而且通常在走的时候都会留下一份未竟的事业，从而遗留下很多的问题，这些问题都需要留给你的家人去解决。"

这位客户问推销员："那你说，我应该怎么办？"

推销员微笑着说："在我告诉你怎么办之前，请你帮个忙，给我五枚硬币。"

客户从口袋里取出五枚一分钱的硬币，把它交给了推销员，推销员从中取出四枚硬币，再加上一元钱给他。

"万一你发生了意外，你就可以拿回四枚一分硬币和一元钱。这就是人寿保险的意义所在。"

生 财 有 道

在以上的这个故事中，那位客户朋友一开始认为，他最需要的是时间，因为一旦拥有了时间，他就可以持续不断地创造财富，而一旦拥有足够的财富，就可以满足更高的物质和精神需求。事实上，对于每个人来说，时间都是十分宝贵的，尤其是对于年轻人来说，更需要时间来为自己的前程打基础，去追逐自己心中的梦想。可是，在这过程中，我们要靠什么东西来保住那些花费了时间而创造出的财富呢？答案就是保险，尤其是寿险。它可以帮助老年人、富人或生意人保住自己手中的金钱和财富。人寿保险简称寿险，是人身保险的一种，它是以投保人的寿命为保险标的，如果投保人由于意外死亡或致残，保险公司就会按照约定支付保险金额。如果保险期限届满之后，投保人没有发生任何意外，那么保险合同就会自然终止，保险公司无须再承担任何保险责任，且不会退回保险费用。与其他保险不同的是，人寿保险转嫁了投保人生存或者死亡的风险。

人寿保险包括定期人寿、终身人寿、生存保险、生死两全、健康险和巨灾保障几种形式。

1. 定期人寿

定期人寿按照期限可以分为 10 年、15 年、20 年，或者到 50 岁、60 岁的约定年龄。如果投保人在保险期外没有身故，保险合同即终止，保险公司不再承担义务，也无须返还保费。定期人寿同样会对投保人因为意外事故而导致的伤害或残疾身故做出赔偿。它的保费比较低，每年交一次保费，没有硬性的长期缴费。比如某 30 岁投保人，寿险保额是 10 万元，缴费期限和保障期限都是 20 年，投保人每年只需缴纳保费 498 元。通常，投保人有 10 年、20 年、30 年这三档保障期限可选择。不过，专业人士建议，一次性选择 30 年保障期限，比分别投保三个 10 年更有利，因为如果分别购买的话，投保人要面对三次为期一年的不安全保障，换句话说，增加了投保人的风险性。

2. 终身人寿

终身人寿是为投保人提供终身死亡或全残保障的保险，通常到生命终极年龄的 100 岁为止。假如投保人在 100 岁之前身故，保险公司就会给予保险受益人相应的保险金；假如投保人生存到 100 岁，保险公司则会给予本人保险金。因为终身人寿的保险期比较长，所以缴纳保费的比率比定期人寿要高出不少。

3. 生存保险

生存保险是投保人必须生存到保单规定的保险期满才能领取保险金的保险。假如投保人在保险期内身故，保险公司就无须支付保险金和返还保险费。

4. 生死两全

生死两全保险是目前市场上最常见的商业人寿保险，它兼具定期人寿保险与生存保险两者的优势和特点，假如投保人在保险期限内意外身故，受益人就可以领取合同约定的身故保险；而假如投保人在保险期限内继续生存，投保人就可以按照合同领取满额的保险金。这类保险既有储蓄的功能，可以让投保人获得满额保险金，同时也保障了投保人家人的权益。

5. 健康险

人寿险还包括了健康险，针对的是由于投保人发生了疾病或者意外事故而产生的医疗费和其他损失。其中最重要的是重大疾病保险，当投保人患有恶性肿瘤、心肌梗死和脑出血等特定的重大疾病时，保险公司会对投保人治疗所产生的医疗费用给予适当的补偿。投保人的医疗费用医保确实可以报销一部分，但是医保只能报销国产药和常规药，许多针对重大疾病的新药、进口药都不在报销的范围内。这个问题就可以交给重大疾病保险来解决，而且，重大疾病保险还可以帮助报销高昂的手术费用、家属的陪护费和因病误工费等费用。更重要的是，保险公司一旦确认了投保人的疾病符合投保合同的相关要求，就会一次性支付相关费用，投保人无须垫付医疗费用，这样显然可以大大减轻投保人的经济负担。

6. 巨灾保障

市场上现在有很多寿险产品都将巨大灾难纳入了保障的范围之内，包括地震、海啸和泥石流等。巨灾保障通常是以附加险的形式出现的，在发生重大的自然灾害时，它可以让投保人获得双重的保障。

现在，市场上人寿保险的品种越来越多，为了吸引更多的客户，许多保险公司把传统的寿险与分红险、万能险和投资险结合起来，使得投保人在获得人身保障的同时，同时也能够获得投资理财的收益，这样的险种也越来越受到投保人的欢迎。

专 家 点 拨

当我们和家人的人身遭遇意外和危险的时候，人寿保险可以帮助我们很好地规避风险。人寿保险兼具保险和储蓄的双重功能，既能帮助投保人应对养老、医疗和意外伤害等各类风险问题，还能让年轻人及早为自己的老年生活做准备，也为自己的家人和孩子做准备。

关于分红险，不能不说的事儿

分红险不仅是对人身的一种保障，同时也是一种投资理财方式。投资者可以参与保险公司每年的分红，为自己的未来提供保障。简单来说，就是投保人每年按照规定缴纳一定的保费，在到期后，投保人按照一定的比例，以现金红利或者增值红利的方式，享受保险公司的可分配盈余。分红险主要包括分红寿险、分红养老险、分红两全险和其他有分红功能的险种。

财富故事

钱小茹今年 30 岁，是山东环创传媒有限公司的普通职员，她为了给自己的未来提供一个保障，为自己购买了一份分红险，保额为 9 万元，缴费的期限是 3 年，每年需要缴纳保费 64130 元，并且，她选择了累计生息的方式。这样一来，到了钱小茹 60 岁时，利息可累计到 18 万元，到她 70 岁时，可累计到 30 万元。等到她老年时，就可以一次性领取几十万的红利。而且，钱小茹还可以选择领取现金，即每年保险公司在分红时将红利以现金的方式划入钱小茹的银行账号。

生财有道

分红险的红利分配有现金红利和增额红利两种方式。国内的大多数保险公司目前采取的都是现金红利的方式。现金红利的分配方式包括现金、累计生息、抵交保费和购买减额交清保险等几种。

那么，分红险的特点和优势都有哪些呢？

1. 保险的分红受到保险公司的经营状况的直接影响，同时也和投保人投注的保额有直接关系，其红利是保单所有人从保险公司可分配盈余中分到的金额，因此数额并不固定。

2. 分红险是一种可以兼顾保险和收益的产品，因此拥有许多的优势。首先，它是最合算、最便宜的保险。保险公司收取投保人的保费，在去掉需要赔付的金额以及公司的运营成本之后，会将盈余的部分按照一定的比例返还给投保人。假如保险公司利用这些保费进行了投资，而且获得的收益在70%以上的话，也会通过红利的方式返还保费给投保人。所以，投保人付出了最少的金钱就保证了自己的权益。

3. 尽管分红险的红利数额并不确定，但是它的来源是保险公司的盈余部分。保险公司的盈利越多，分红也就越多。换句话说，分红险是将客户的利益与保险公司的利益绑在了一起，保险公司盈利了，客户也跟着赚钱，亏损了，客户也就都跟着亏钱，一般来说，保险公司为了增加自己的利润，会尽量增加经济效益，以此来保证客户资产的保值增值。

分红险的红利具有很大的不确定性，受到保险公司盈利能力的直接影响，那么，投保人要如何判断自己购买的分红险是否靠谱呢？面对市场上品类繁多的保险种类，投保人又应当如何选择呢？

1. 考察保险公司是否具有盈利能力

分红险的可分配盈余主要来自以下三个方面：死差益，即当实际保险身故人数比预计的人数少时，保险公司产生的利润盈余；利差益，即当实际投资收益比预期的收益高时，保险公司产生的利润盈余；费差益，即当保险公司的实际运营管理费用比预期的费用少时所产生的盈余。其中，除了第一个方面死差益较难控制之外，其他两个方面，保险公司都可以通过提高经营管理水平、降低成本、选择收益高的投资项目等措施来实现盈余。因此，投保人在购买保险之前，一定要对保险公司的财务报表进行仔细分析，选择一些财务状况良好，发展前景较好的大保险公司。

2. 考察同一家保险公司以往派发红利的历史数据

除了考察保险公司的盈利状况之外，还需要查看其历年派发红利的情况。如果该保险公司历年的红利数额与预期红利相差无几，这说明其信誉非常好，红利的发放有保障。反之，假如该保险公司历年的红利数额和预期红利相差很多，该公司就可能存在作假的情况。根据我国银保监会的规定，保险公司每年至少应该将可分配盈余的70%都分配给客户。有些好公司给客户分配的盈余甚至还会超过这个比例。

3. 根据个人情况选择保险，分红险并不是每个家庭都适合

购买分红险需要投入较多的资金，投保的成本较高，所以，并不是每个家庭都适合分红险。假如家庭的收入不稳定，不能及时缴纳保费，中途退保的话，就会给家庭带来一定的损失。此外，分红保险也不太适合老年人和儿童，因为它一般不会涉及重大疾病、医疗等方面的保障。因此，投保人应该综合考虑自身家庭的实际情况做决定，切忌盲目跟风购买分红险。

分红险是一种较为稳健的投资方式，尽管它具有较好的安全性，然而收益却不高，流通性也相对较差。它的收益率只比银行定期存款的利率略高一点。假如投资者的目的是想要赚钱的话，这种保险并不适合，只有当家庭投资的目的是长期储蓄的时候，这种保险才是一个比较好的选择。

此外，分红险尽管每年都会派发红利，可是，如果你想要获得更多收益的话，那还可以选择累计生息。同时最好选择前期多存少取、后期少存多取的方式。分红险是一种长期的投资，投资者切莫只顾眼前的红利，而忽略了它背后的高风险。

专 家 点 拨

分红险固然具有很多优势，然而，在投资这种保险的时候仍然需要注意一个原则：投资保险不能两眼只盯着钱。因为理财的根本目的是要保障资产的安全，做好风险的转移，在这个前提之下才能谈投资理财。没有保险保障的投资就如同镜花水月一般，终将化为一场泡影。

购买财产险，为财富加一道安全锁

对于普通家庭而言，财产保险具有十分重要的意义，它可以为我们的财富（房产、家用电器、金银珠宝等家庭财产）加上一道安全锁。当然，财产险除了家庭保险，还包括企业财产保险。简单来说，企业财产保险是以企业存在固定地点的财产和物资作为保险标的的一种保险。它的适用范围十分广泛，任何工商、建筑、交通、服务企业、国家机关、社会团体等单位都可以为其财产投保财产保险。

财 富 故 事

蔡先生今年刚过 40 岁，他与朋友合伙创业开办了山东金玖生物科技有限公司，由于近几年工厂的生意不错，他也从中挣到了不少钱。现在，他已建立了自己的家庭，有了一对子女，在朋友的眼中，他已经是一个不折不扣的成功人士了。蔡先生的保险意识还不错，早在几年前就给自己和家人买齐了各种保险，可是偏偏没有为自己的家庭财产投保。前几天，蔡先生的朋友家中遭遇了入室盗窃，家中的贵重物品都让窃贼洗劫一空，蔡先生看着一脸茫然，站在自家空荡荡的屋子里的朋友，突然意识到家庭财产保险的重要性。

蔡先生住在一个高端小区里，家里拥有两辆好车，这样的家庭条件难保不会在哪天被窃贼盯上。尽管自己所在的小区十分重视安保工作，但蔡先生不免还是有些担心，因此，为了防患于未然，蔡先生决定购买一份家庭财产保险，为自己的财产多上一把锁。

在保险业务员的推荐下，蔡先生最后选择了一款家庭财产两全保险。这款保险的优势在于兼具保险保障和满期还本的双重性质。首先，蔡先生交纳保险储金，当保险期满时，无论是否发生过保险理赔，该保险的储金都会足额退还给蔡先生本人，这种到期还本的特性是其他财产保险业务所没有的；其次，保险公司还会将蔡先生交的保险储金所产生的利息作为保险费，在保险期间，如果发生了保险损伤，保险公司仍然会承担与普通的家庭财产保险一样的赔偿责任，这又体现了基本的保险保障的特点。

由于家庭财产基本上没有账目可查，而且财产在品种、质量和新旧程度上有很大的差别，所以在确定保险金额的时候往往很难做到准确。一般来说，家庭财产保险的保险金额由保险客户根据其财产的实际价值自行估价。不过，由于家庭财产险强调在财产保险单上分项确定保险金额，而分项的粗细程度会对财产的实际价值有直接影响，为此，蔡先生还特地请了一位资产评估师对自家的投保产品进行了一番详细的评估。

保险代理人还建议蔡先生再购买一款家庭财产保险的附加险。尽管它不能独立承保，可是由于家庭财产所面临的主要风险就是被盗，所以这就成了许多家庭在投保时的一种必然选择。在代理人的建议下，蔡先生最后还购买了一份附加险。代理人还特别提醒他注意，在投保了附加盗窃险以后，一旦遭受了保险责任范围内的盗窃损失，应当保护好现场，及时向当地公安机关报案，并在24小时之内通知保险公司，否则将会影响索赔的效力。

蔡先生自从投保了这款家庭财产两全保险及其附加险之后，总算安心多了。此外，他还了解到，经特别约定，在保单上载明的金银、珠宝、玉器、首饰、古玩、古书、古画、邮票、艺术品、稀有金属和其他珍贵财物都可以投保。于是，蔡先生又把自己家中能投保的财产全部投了保，给自己的财产加上了一把隐形的锁。

生 财 有 道

接下来，我们就来具体了解一下财产保险的主要内容和特征。

1. 家庭财产保险

它是投保人以房屋以及屋内设备等有形财产为保险标的的保险，当家庭财产遭受意外损失的时候，保险公司就会给予相应的经济补偿。

这样一来，不但可以减少家庭的经济损失，还可以保证居民生活的安定，保障社会的稳定。

目前，家庭财产保险主要有两种：普通家庭财产险和家庭财产两全险。

（1）普通家庭财产险。普通家庭财产险又分为两种：灾害损失险和盗窃险。一般来说，灾害损失险的投保范围包括投保人自有财产、被投保人代为保管的财产以及被保险人与他人共有的财产。例如家具、用具和室内装修物，家用电器，文娱用品，日用品和床上用品等。农村家庭的农具、工具和已经收获的农副产品等。家庭财产中的金银珠宝、首饰古玩和古书字画等也属于投保的范围，不过这些财产的价值很难确定，必须经过专业的鉴定人员鉴定过后才能进行投保。

需要特别注意的是，并非所有的家庭财产都可以进行投保，一般来说，以下几种财产不在承保范围内：

无法确定具有价值的财产，例如货币、票证、有价证券、邮票、文件、账册、图表和技术资料等；日常生活中所需要的消费品，例如食品、粮食、烟酒、药品和化妆品等；违反法律规定的个人收藏品或财产，例如枪支、弹药、爆炸物品和毒品等；处于危险状态的财产，例如危房等。

当家庭财产遭遇自然灾害时，比如雷击、冰雹、洪水、海啸、地震、泥石流和暴风雨等；或是意外事故，比如火灾和爆炸等，保险公司也应对财产损失进行赔偿。但是，对于以下几种原因造成的损失，保险公司则不承担赔偿责任：

战争、军事行动或暴力行为；核辐射和污染；如果电机、电器设备因为使用过度、超电压、碰线和弧花等原因导致本身损毁时，保险公司不予赔偿；如果家庭财产因为投保人以及家庭成员、寄居人员故意损坏，或是故意纵容他人盗窃的时候，保险公司不予赔偿；投保人房门未锁、门窗未关等非正常安全状态下的失窃损失，保险公司不予赔偿。

此外，普通家庭财产险的保险期限为 1 年，即从保单签发日零时起，到保险期满日 24 时止。

（2）家庭财产两全险。家庭财产两全险是一种比较特殊的险种，具有经济补偿和到期还付本金的双重特性。它与普通家庭财产保险只有一个区别，那就是保险金额的确定方式有所不同。它采用的是按份数确定保险金额的方式，即城镇居民每份 1000 元，农村居民每份 2000元。其投保的份数是由家庭财产的实际价值决定的。投保人一次性缴纳保险储金，并且将保险储金的利息作为保费。保险期满后，保险公司将保险储金足额退还给被保险人。

2. 企业财产保险

企业财产保险的适用范围十分广泛，包括企业的房屋、建筑物、机器及设备和生产工具仪器等；企业的原材料、半成品、在产品、产成品或库存商品等；建造中的房屋、建筑物和建筑材料等。此外，投保一些金银珠宝、首饰古玩、艺术品等贵重财物，需要对之进行专家鉴定。投保堤堰、水闸、铁路、涵洞、桥梁和码头等财产，则需要先提高保费和附加保险特约条款。需要注意的是，土地、矿藏、森林、水产资源和未经收割或收割后尚未入库的农作物不在投保范围内；违反法律规定的财产，如违章建筑、危险建筑、非法占用的财产也不在投保范围内。

专家点拨

　　无论是家庭还是企业，都难免会遇到自然灾害或一些意外事故，在我们的人生中这些风险无处不在。我们只有树立科学的风险观念和理财观念，做好抵御风险的充分准备，才能为财富提供保障。

万能险并不"万能"，想说爱你不容易

万能险是介于分红险与投连险之间的一种投资型产品，它的保障性与风险并存。投资者所缴纳的保费被分为两部分，其中一部分用于保险，另外一部分用于投资。而且最关键的是，它的缴费方式、缴费期间和保险金额等还可以自由转换。而且按照合同，投保人每年领取一定金额的利息，作为子女的教育金、婚嫁金和创业金；也可以选择到期一次性领取本息，作为个人的医疗储备金及养老储备金。

财富故事

今年26岁的小何毕业后在山东皇圣堂药业有限公司上班，他的年收入大约在6万元左右。虽然他目前单身，表面上看起来一人吃饱、全家不饿、日子过得轻松惬意，可是他想到自己将来如果成家立业的话，就会承受很大的经济压力，包括买车买房、家庭的生活费、孩子的抚养费和教育费等。因此他决定趁自己还年轻，为自己购买一份保险，给自己未来的生活一个良好的保障。理财专员推荐他购买了一份万能险的终身寿险，每年缴纳保费6000元，缴费期限是20年，保额共计12万元。

在签订合同的第4年，小何每年都可以获得当期应交保费的2%作为奖励，用于在经济拮据时缓缴部分保险费，也可以直接领取现金作为生活所需的费用。万能险的缴费方式比较自由，如果小何在今后经济宽裕的时候，还可以将保额提高到15~20万，这样将来就可以领取更多的收益。

根据合同规定，到了小何60岁的时候，保单价值可以达到50万元。假如他采用累积生息的方式，在他60岁时，这份保单的价值就可以达到111万元。这足可以为小何未来的生活提供一份保障。

生财有道

万能险是近年来出现的一种新兴的保险产品，最后十年以来，它的发展十分迅速，受到了很多年轻人的青睐和追捧。这是由于万能险不但具有人寿保险的基本功能，还具有"风险准备金"存储的作用。

那么，万能险真是万能的吗？

答案是否定的，万能险并不是万能的，也并非适用于所有人，一个人一生也不是只买一张保单就足够了。

事实上，万能险就是一种含有人寿保障成分的分红险，它所谓的万能主要体现在三个特点上：缴费方式灵活、保额可调整和保单价值领取方便。实际上许多人选择购买万能险也是因为看中了这三个特点，可是，一旦他们在投保了几年后发现自己领取到的保单价值不符合预期，就会萌生退保的想法。

假设一位投资者一次性缴纳保费 1 万元购买了某保险公司的万能险，其中的 7.5% 作为初始费用，其余的 9250 元进入个人账户。根据合同的约定，保底利率是 2.5%，那么 5 年后，他的个人账户价值是 10465 元。保险公司承诺将账户价值的 5% 作为特别奖励发放给客户，因此奖励为 523 元，由此可以算出投资者个人账户总价值是 10988 元。也就是说，投资者获得的收益是 988 元。

可是，假如他将 1 万元存进银行，那么他 5 年后获得的利息将是 2736 元，显而易见，万能险并不适合进行短期投资和那些想要获得短期收益的投资者。

那么，万能险适合哪些人购买呢？

1. 没有明确投资理财计划的新手

很多年轻人在刚刚毕业的时候，基本上都是"月光一族"，每个月的工资都花个精花，没有建立起明确的投资理财计划。对于这样的人群，就可以推荐购买万能险，利用其强制储蓄的功能来帮助年轻人攒钱，并在一定程度上抵消通货膨胀带来的负面影响。

2. 经商的人

万能险的一个最大好处就是它的缴费方式和提取方式都十分灵活，可以满足一些现金流波动比较大的生意人的需求。当资金闲置时，投资者可以适当多缴纳一些保费；但是一旦在生意上出现了很好的投资机会，又可以选择提取现金来进行投资。

而且，万能险不同于其他的分红险，前几年的保单价值比较高，可以用来作为资产质押进行贷款。由于利用保单贷款的利率会比较低，这在一定程度上可以帮助企业降低投资的成本。

专家点拨

> 万能险并不是什么人都可以买，也不是什么事都可以保。投资者只有在充分了解万能险特点的前提下，才有可能购买到适合自己的保单。

破除错误观念，跳出保险误区

近年来，人们的风险意识不断增强，越来越多地关注和接受保险，将其作为对家庭财产和人身安全的一项有力保障。不过，在现实生活中，也还有许多人对保险的认识还不够充分，虽然建立起了意识，但却仍然容易走入保险理财的误区。

财富故事

去年初，刘师傅到某银行办理业务，在银行理财专员的推荐下购买了一款收益比较高的长期人寿保险，每年的保费是1200元。可是今年，刘师傅生了二胎宝宝，家庭的经济压力陡增，刘师傅不愿意再承担额外的保险费用，便萌生了退保的想法。然而银行的理财专员却告诉他，如果他选择退保，现在他只能按照保单的现金价值（只有不到400元）取回现金，这让刘师傅觉得难以接受，他不知道如何减低自己的损失。

还有另外一个例子，孙大姐听从了保险公司的建议，购买了某款寿险产品，这是一款类似于强制储蓄的分红险，期限为20年，每年需要缴纳3000元保费。当孙大姐到了55岁以后，每月可以领取一定的现金。后来，孙大姐生病住院，于是找到保险公司，想通过自己购买的这款保险获得理赔，但保险公司却告诉她，她买的这份保险没有医疗保障，只保障养老和意外身故两种情况。这时孙大姐才意识到自己之前对这份保险的认知出现了偏差。

生 财 有 道

在现实生活中，确实有许多人在买保险的时候会遇到类似的情形：要么是被销售人员有意无意地误导了，要么就是由于并不清楚自己真正想要的是什么，从而走进保险理财的误区。造成的后果就是不但没能为自己的生活提供保障，反而蒙受不明不白的经济损失。因此，如果投资者想要让自己的财富增值，就应该掌握买保险的技巧，跳出保险理财的误区。

那么，在购买保险时究竟有哪些误区是投资者应该避免的呢？

1. 买保险不如储蓄和投资

许多人觉得买保险的意义不大，还不如趁着年轻拼命多赚点钱，多存点钱，或是通过投资股票、基金来获取更多收益。其实，这种想法是十分典型的认识错误。

保险最重要的功能就是保障，对于那些经济条件不是很好的人来说，保险可以帮助他们解决一些重大的经济问题。那些意外险和定期寿险都有一个共同的优点就是"花小钱，办大事"，每年只需要花费几百元或上千元，换来的却是几十万的保障额度。还有那些储蓄型和分红型的保险，让投保人获得的利息，也和储蓄差不多了。更重要的是现在有很多储蓄型保险，如果投保人由于意外伤害事故导致全残或身故，就可以直接享受保障而不用再继续缴纳保费。例如少儿教育保险，如果为其投保的父母由于发生意外事故而无力缴纳保费，孩子仍然可以享受保障。这些都是教育储蓄和基金投资做不到的。

2. 保险的收益太低，还不如炒股票、买房子

许多人觉得保险的收益率偏低，投资期限也太长，等到保险到期要领取本金和利息时，往往已经由于通货膨胀而发生了贬值，还不如把那些钱拿去炒股票和买房子。这也是一种错误的想法。他们的眼睛只看盯着股市的高收益率，却看不到隐藏在高收益率背后的风险性。股市里起起落落，不知道有多少人因为贪图高收益而被套牢，甚至亏得倾家荡产。因此，在投资的过程中，投资者一定要避免陷入这个误区。

在我国，居民的理财观念通常有两个极端，要么就是将手中的大量现金存进银行，要么就是购买股票和期货等高收益的投资产品。其实，每个人都应该更加合理地分配个人资产，进行科学的理财投资，这样才能在获得收益的同时，让自己的生活更有保障。每一种理财产品都有各自的优缺点，股票、基金和炒房等投资项目的收益固然高，但伴随着的风险也高；保险和银行存款等投资项目的收益虽然不高，但胜在稳健安全。作为投资者，我们不能把自己手中的所有资金都用于冒险性的理财上，而忽略了其安全性。保险投资是人生中构建财富的重要基础，只有其安全性和可靠性得到保障，人们才有长期投资和持续投资的可能性。

3. 我已经交了医社保，再购买商业保险是多此一举

有很多职场白领们都会有这样的想法："我们公司的福利不错，公司已经为我缴纳了'五险一金'，我的生活已经有了足够的保障，干吗还要再买商业保险，这不是多此一举，重复投保吗？"事实上，社保只是居民生活一项最基本的保障而已，它并不能满足普通人的需要，而商业保险恰恰就是一种对社保很好的补充。社保提供的保障很

低，适用的范围也比较窄，例如，医疗保险不能保障重大疾病造成的损失，而商业保险中的重大疾病保险就正好可以弥补社保中大病医疗保障方面保障力度不足的缺点。

此外，社保中的养老保险也具有局限性，城镇职工只有在到达退休年龄以后才能够每月领取一定数额的保险金。但是，当前我国人口整体老龄化的趋势日益加剧，社保基金的缺口也越来越大，或许在将来，养老保险的领取会变成一项难题，而假如你投保了商业保险中的养老保险，你不但可以定时领取现金，还可以在保险到期时一次性领取几十万元的保障金。

还有最关键的一点，商业保险的保障范围比社保更广泛，是提供个性化、高水平的综合保障的最佳选择。除了个人基本生活保障，还包括了少儿教育险、意外死亡和财产险等。投保人可以根据个人家庭的具体收入情况、健康情况等进行投保。因此，我们应该趁年轻的时候，及早开始规划个人的人生保险计划。

4. 买的保单越多，缴纳的保费越多，理赔的金额也就越多

很多人总觉得买的保单越多，获得的理赔自然也就越多。其实，这也是一种错误的认识。比如，医疗费用保险是一种补偿型保险，保险公司都是按照投保人实际支出的医疗费来支付保险金的。无论你在几家保险公司买了多少份保险，最终赔付的金额都不能超过实际支出的医疗费用。家庭财产险同样也是如此。所以，并非缴纳的保费越多，保额越高就越好，因为保险公司在理赔的时候，也只会按照投保财产的实际价值和损失程度来进行理赔。

5. 有钱人不需要保险

还有一些人认为有钱人不需要买保险，因为他们拥有巨大的产业，丰厚的财富足以保障他们自己和家庭的未来生活，完全没有必要买保险。这种想法也是大错特错了。

对于那些事业上成功的富人而言，尽管他们没有很大的经济压力，可保险作为一种投资理财方式，也是一种规避风险和管理风险的有效

手段。随着市场竞争越来越激烈，企业内部的管理也越来越复杂，再大的企业，也随时可能会出现财务危机，有时候，一个错误的决策就可以让一个企业迅速由盛转衰，甚至迈向破产的边缘。此时如果企业家为个人财产和企业资产投保过相关的财产险，就相当于在企业和自己的家庭之间建立起了一道防火墙，就能够有效地隔离企业资产和家庭财富，帮助自己和企业一起渡过难关。

专 家 点 拨

　　买保险买的就是保障和安心，投资者在购买保险时一定要注意策略和技巧，切勿盲目地进行选择，更不要头脑发热、心血来潮，盲目乱买保险，要牢牢守住原则，避免被保险推销人员忽悠。只有认真研究，吃透要购买险种的保险责任和理赔原则，根据个人实际情况去购买，才能为自己的未来生活买来可靠的保障。

做足准备工作，获得合理赔偿

　　如今，购买保险已经成为一种趋势，越来越多的人意识到需要给自己的未来加一份保障。然而，许多购买保险的客户都会反映一个问题：投保容易理赔难，理赔的程序非常复杂。一些客户抗拒购买保险的一个重要原因就是担心理赔的效率低、拒绝赔付等问题。那么，真的是这样的吗？

财 富 故 事

　　许江是山东煜和堂药业有限公司的一位普通白领，最近，他为自己新购置了一辆蓝色的轿车，并给爱车购买了车险。许江每天晚上下班都把爱车停在自家的小区停车位上。这天一大早，他准备开车上班的时候，却发现自己的爱车车门上被划了一道长长的划痕。许江立即打电话给自己投保的保险公司，希望保险公司能够赔偿，但保险公司却答复他：由于他购买的车险中没有包含"划痕险"这一项，因此不能予以理赔。最后许江不得不自认倒霉，自己支付了 1000 多元的修理费。

林清在外出旅游的路上遭遇了严重的车祸，全身发生多处骨折，左腿也受到严重的伤害，医生说可能有致残的危险。由于之前林清为自己购买了人寿保险和重大疾病险，而且旅行团也给游客购买了意外伤害险，所以林清立即向保险公司报案，并准备了保单、事故鉴定、身份证件和医院证明等相关理赔资料。保险公司为此启动了重大事件理赔处理程序，很快就为他支付了 20 万元的赔付款和相关的医疗保险金。

生 财 有 道

现在，国内的保险业发展越来越规范、健全，各大保险公司之间的竞争也日趋激烈，为了能在竞争中胜出，为自己吸引更多的客户，各家保险公司也一直在提高自己的理赔效率。不能排除个别的保险业务员会有不负责任的行为，但总体来说，保险公司很少会出现故意拒赔的情况。许多投保人之所以会觉得理赔困难，其实是因为投保人没有了解清楚相关保险知识，或是对此存在着一定的认识误区。

只要投保人能够弄清楚保险合同的理赔条款，在发生事故时及时报案，按照相关的合同要求，准备好理赔需要的各种相关资料，一般都可以实现快速理赔，不会遇到困难。

那么投保人到底应该怎样做才能快速获得理赔呢？

1. 投保人在发生意外以后，应当立刻向保险公司报案，提出理赔申请。在进行索赔时，投保人应该提供相关资料，比如保险单或保险凭证的正本、已缴纳保险费的凭证、有关能证明保险标的或当事人身份的原始文本、索赔清单、出险检验证明以及其他根据保险合同规定应当提供的文件等。

2. 如果是意外事故，投保人应当提供意外事故证明、伤残证明、死亡证明和销户证明等；住院治疗的话，投保人应当提供诊断证明、手术证明及处方、病理血液检验报告、医疗费用收据及清单等。

3. 保险公司在进行理赔时，需要掌握以下几个相关的理赔要素。

（1）了解保险的理赔种类。一般来说，投保人在购买保险时，保险公司会在合同里规定保险的范围和金额，一旦投保人出现了意外，保险公司就会按照保单里的约定来支付相应的保险金。因此投保人在购买保险时，一定要了解清楚其投保范围，根据个人的需要来购买相应的保险。比如在上面的第一个事例中，许江就是因为没有搞清楚自己车险的投保范围才导致自己无法从保险公司获得赔偿。

（2）弄清保险公司的理赔流程。保险公司在进行理赔时，按照合同规定，会有一套理赔流程，对此投保人应该有所了解。一般来说，保险公司的理赔流程是这样的：立案检验、审查单证、审核责任、核算损失、损余处理和支付赔款。不过，假如投保人遇到了重大意外事件，保险公司也可能会简化理赔程序，帮助投保人尽快完成理赔。

（3）投保人提出的索赔必须在索赔时效期以内。每种保险都有一个特定的索赔时效，不同的险种时效也不尽相同。一旦投保人没有在理赔时效内向保险公司提出索赔，或者理赔所需的相关证明未能齐备，又或是逾期没有去领取保险金，保险公司就会视为投保人自动放弃索赔的权利。

人寿保险的索赔时效一般是 5 年，其他保险的索赔时效则一般是 2 年。所谓索赔时效，是从投保人或受益人知晓事故的发生之日算起，投保人或其受益人可以向保险公司报案，并且提出索赔的请求的时间。投保人通常应在保险事故发生的 10 日内通知保险公司，不过，每个险种的时效也略有不同，总之报案越早越好。

4. 保险公司有权拒绝理赔的情形

（1）保险公司只会对投保人确实由于其责任范围的风险而导致的损害进行赔偿。如果由于投保人自身犯罪，或是主观故意行为而导致的损失或伤害，保险公司就有权不予理赔。

（2）如果投保人故意隐瞒病史，保险公司在查明情况之后也会不予理赔。不过，如果投保人如实告知病史，保险公司也同意以亚健康体的标准投保，那么就必须给予赔偿。

（3）如果投保人中途退保，那么保险公司也会不予理赔，只会退还少量的费用。

（4）除了没有法定行为能力的未成年人等之外，投保人和受益人必须要亲笔签名，不能由亲人代签，否则不给予赔偿。因为按照《保险法》规定，以死亡为给付保险金条件的保险合同，未经被保险人书面同意并认可保险金额的，合同无效。因此，投保人和受益人一定要亲自签名。

（5）在车险理赔时，保险公司和投保人如果存在定损分歧，投保人可以通过调解委员会来重新查勘定损，以此保障自己的权益。

（6）一般来说，如果投保人未能在规定的日期内缴费，保险公司会给60天的宽限期。如果投保人在宽限期内出现了意外事故，保险公司应该给予理赔；如果投保人在宽限期内仍然没有缴费，保险公司则会根据保单的现金价值进行垫付。如果垫付的费用不足，保单则会自动终止，此时如果投保人发生事故，保险公司就有权不予理赔。

专家点拨

投保人在购买保险之前，一定要看清保险合同里关于理赔的条款和规定，仔细研究、了解相关的小细节，这样，保险理赔就没有想象中的那么困难了。

第七章

慧眼识股，在机会和风险中"淘金"

股票投资是大家很熟悉的一种投资方式，在我国已经有20多年的历史。然而，很多投资者说到股票却是摇首叹息，为什么呢？也许是因为他们还没有真正了解股票及其特点，或者没有掌握其游戏规则，或者没有找到属于自己的操作方法，或者他们的心态还不足以"主宰股海沉浮"。让我们一起来看看股票中的机会与风险，也许你会发现炒股亦如烹小鲜。

掌握选股的方法，为自己锁定绩优股

华尔街的风云人物、美国最富有远见的投资家吉姆·罗杰斯曾经说："我一向不关心大盘的涨跌，我只关心股市中有没有符合我的投资标准的股票。"选好股票对投资者来说异常重要，如果选择正确，就可以在短期内赚取大钱；如果选股不慎，即便大盘每天都节节攀升，自己的股票也会狂跌不止，导致自己所有的投资都血本无归。

财富故事

今年 52 岁的凌先生已有 20 年炒股经历了，也算是一位老股民了。以前在单位没时间，买了股票就放手不管，有时出差很长时间，回来一看，股票涨了，就卖掉，抱着搏一把就走的心态。当时成功的例子是深发展，15 元买的，出差回来时 25 元。后来公司业绩不佳，凌先生进入了裁员名单，失去了工作。当时他觉得自己无事可干，又没有老到整天去公园打太极、喝茶聊天的年龄，就琢磨起了股票。一开始还只是抱着试试看的心理，盈利后才把心都放进来了。

这么多年来，凌先生利用炒股赚了几百万，亲戚朋友们也戏称他为"股神"。的确，这个成绩在众多的股市散户中，算是相当不错的了。很多亲戚朋友都向他讨教炒股的诀窍，但凌先生认为，自己投资股市也没什么诀窍，都是一些常识性的知识，主要是根据基本面的变化来选择，用心去分析。选定一两只好的股票做中长期持有，年内做波段。另外，还会根据市场热点做些短线，这些都是凌先生运用的炒股"常识"。

其中一只股票给凌先生带来了巨大收益。从 17 元买入后，这只股票曾经下跌过一阵子，不过凌先生对该公司基本面进行过重点研究，对它非常看好，继续坚持买入，一直买到 12 元。其间他也曾介绍亲戚朋友买该股票，不过没什么人响应。等 QFⅡ（合格境外机构投资者）

进来后，这只股票开始大涨，他们才发现凌先生的选股思路竟跟 QFI 的一样！凌先生颇为自己的眼光自豪。他的确也有自豪的资本，在当年大盘大部分时间都是阴跌的情况下，按复权价格计算，他选择的那只股票上涨了 70% 以上。

由于以前的工作原因，凌先生从未炒过短线，而现在他已经是职业股民了，所以有时也会参与一些短线题材股的操作，如在科技股大热的时候介入了一只股票，也小赚了一笔。当然在短炒中也有失算的时候，不过损失并不大，因为他提早设好了止损点，一旦发现问题就果断离场，用他的话来说就是："发现选错股的话，我溜得飞快。"

许多股民都比较关注大盘，但凌先生不太愿意谈大盘，他认为关键是选择个股，特别是个人投资者，精力有限，更应放弃大盘选择个股。他在选择个股时，每次都要先了解宏观经济形势，然后分析哪些板块可能受益或受到的负面影响较小，最后再落实到个股，即所谓"自上而下"的选股方式。

如今，凌先生依然运用着他的炒股常识在股市驰骋，他的这些常识也渐渐地被亲戚朋友们所采纳，因为毕竟凌先生正是运用这些常识才赚了那么多钱。

生财有道

对于投资者来说，选择哪一只股票，买进或卖出多少数量，是必须在短时间内做出的抉择。而这个抉择则是投资者是否可以盈利的关键。

选股并不是一件简单的事情，面对证券市场上令人眼花缭乱的众多股票，购买哪只股票才能够赚到钱呢？如何才能选择一只好股呢？

1. 选择优秀的企业，有发展前景的企业

我们买股票就是买上市公司的未来，如果发行企业发展前景不好，管理者的管理水平低下，那么，企业肯定没有良好的发展前景，其股票肯定没有任何价值。所以投资者在购买股票之前，应该详细地了解

企业的管理状况、发展前景、财务状况等相关信息。只有具体地了解这些相关信息，才能判断一股票是否值得持有。

巴菲特曾说过："优秀企业的标准就是业务清晰易懂，业绩持续优异，管理者能力非凡且为股东着想的大公司。"而看一个企业是否有发展前景，就应该看它是否有资源优势，是否具有核心竞争力，是否具有品牌优势，是否有垄断优势，是否有政策优势。只要满足了上面一个或几个条件，其股票就是一只好股。比如国内的云南白药是国家重点保护的中药品种，它具有品牌优势、政策优势和核心竞争力，所以股票价格相对稳定，投资者可以长期持有。

2. 关注行业发展情况，关注其产品周期和新产品推出情况

每个行业和产品都有一定的发展周期，新推出的产品或新研发的产品其发展周期比较长，且竞争力比较强；而那些已经进入发展周期后期的产品，很快就会被新产品所代替，生产这些产品的企业和行业也很快就被淘汰。所以投资者在选择股票时，应该选择新兴产业或是不断推出新产品、新技术的企业，这样的股票才具有发展潜力。

3. 购买自己熟悉的股票

投资者应该购买自己熟悉的股票，这样就可以轻易了解企业情况，适时地获得企业的相关信息，利用这些信息来抢先一步买入或卖出。如果购买不熟悉的股票，你又没有时间分析股市行情、了解企业的相关信息，就只有在运气好的时候才能赚钱。

4. 资产重组或产业转换的企业，股票的升值空间较大

一些竞争力较差的企业，如果通过资产重组或是产业转化的方式来改变企业结构，或是引入优良资产，企业的业绩就会大幅度提升。这时该企业的股票就有升值空间，投资者可以考察其实际情况，看其是否值得持有。

5. 买股票不在多，应选择"精品股"

"精品股"是指那些发展潜力大，利润回报率高的股票。比如那些在某行业具有垄断地位、拥有雄厚的资本以及先进技术的企业发行

的股票，其发展潜力都比较大，其利润回报率也高，具有较强的抵御风险能力。如果投资者选择这样的股票长期持有，就会获得较高的收益。

6. 选择潜力较好的"黑马"

所谓"黑马股"，顾名思义就是那些不著名的，但潜力非常好的上市公司发行的股票。这些股票涨幅不是很大，但是一旦经营规模上来了，其发展就会一日千里。

投资者如果具有专业分析能力，具有挑选黑马的技巧，从大多数人都不看好的个股中选出强势股，就会在短期内获得丰厚利润。不过，黑马股是可遇而不可求的，投资者不应该刻意地寻找黑马，而错失了其他投资机会。

7. 选择成交量大的股票

成交量是一种供需关系的体现，当供不应求时，众人纷纷买进，成交量就会放大；当供过于求时，市场交易就会冷清，买入的人数稀少，成交量就会萎缩。成交量是投资大众购买股票欲望强弱的直接体现，当成交量持续放大时，股票价格就会随之上升。所以，它是股价的重要影响因素，且比股价先行。

如果某只股票成交量放大，且有大手成交的情况，这只股票就很可能会成为股市的黑马。这时投资者应该及时买入，并且密切关注成交量的变化，一旦出现下跌的情况就应该果断卖出，这样便可以在获得收益的同时规避投资风险。

8. 识别题材信息，选择有潜力的题材股

题材股就是有炒作题材的股票，通常某些股票会因为一些突发事件、重大事件的炒作而出现价格上升。当市场炒作这些题材时，涉及相关内容的行业的股票就成了题材股。比如当能源紧张时，太阳能电池生产企业、酒精生产企业就会成为炒作题材，这些股票就被称为新能源概念股。

这些题材的炒作会刺激相关行业的股票热起来，投资者如果选择这只股票的话就会获得相应的收益。不过，投资者也应该仔细识别题材信息的真实性和准确性，不要听风就是雨，增加投资风险。

专 家 点 拨

> 选好股票是股市投资的关键，如果投资者能掌握其技巧，就会大大降低投资风险，所以投资者不仅应该了解专业知识，更应该掌握其选股的方法，为自己选择真正有价值的绩优股。

没有把握的股票，尽量不要盲目买进

中国人从中庸保守的态度出发，一直以来有"没有把握的事情就不要做"的说法。有些时候，人生需要放手一搏，但有的事情没有必要去冒险。对于普通股民来说，没有把握的股票尽量不要盲目买进。

财 富 故 事

林永木早在20世纪90年代中期就开始炒股了。那个时候挣钱少，但林永木一家没有什么大的开销，住的是单位分的房子，银行有几万元的存款。他认购的第一只股票就是单位转成股份制企业后发行的原始股，也是从那时起，林永木开始了自己的炒股生涯。当时他还不懂炒股是怎么回事，只是单位的同事都买，他也就跟着买了。如今51岁的他已经有二十几年的炒股经历了，他的炒股经验也正是从这些经历中慢慢积累起来的。

刚开始进入股市时，林永木刚好碰上大牛市，没下多少功夫，也没做什么准备，就可轻松赚钱，但过了一段时间后，市场进入了一个漫长的熊市，他也一度损失惨重，不但把以前赚的钱全都赔进去了，就连本钱也赔了近一半。不过林永木是一个善于学习、悟性很强的人，正是这些特性与习惯，成为他后来能在多数人亏损的情况下赚钱的重要原因之一。

林永木坦言，刚开始炒股时，自己也犯过不少错误。给他印象最深刻的一次，是由于当时自己的熊市思维没有改变，老是担心大盘会回调，因此持股时间不长，没能充分利用后来那段上升趋势的主升浪。在不到两个月的时间里，他就因为对市场前景判断不乐观，将买入时分别在 10 元和 15 元左右的两只股票在短线振荡中全部抛掉了，赚了没多少。后来在大盘开始转向前，这两只个股分别冲到 14.9 元和 22.65 元的高位，所以林永木还是卖得太早了。他当时购买这两只股票主要是考虑到这两只股是当年的大牛股，是大资金炒作的，估计年初会有主力拉高出货，所以就准备吃这一段"鱼尾巴"的利润，没想到它们的业绩这么优良。不过林永木并不后悔，因为他认为虽然少赚些，但还是证明他的购买优势股的策略是正确的，并且坚持跟进自己看好的股票是明智之举。

与一些投资者在熊市里偏爱买超跌股不同，林永木仍是跟庄炒股，而且是跟强庄炒，但如果把握不准，他宁愿不做。2016 年年底小赚了一笔后他就一直等待机会，直到 2017 年 5 月底市场开始反弹，他才在一只股票发力上涨后追进，这波上涨势头持续了近三个月，林永木的股票也为他赚了不少钱。考虑到后期可能会出现行情调整，林永木就在 8 月中旬选择了卖出，并拿到了一笔不菲的收益。

对于他的决定，有股友批评他心太急，还说这只股票后期肯定看涨。但林永木说："我对于自己没有把握的股票，宁可不做。"结果后市的发展果然如他所料，这只股票的价格也在短时间内下降了不少，当时批评他的股友反而因为没有及时离场而亏了不少钱。这下大家都相信林永木的诀窍了：坚决不做没把握的股票，而对于自己看准的股票，则要毫不犹豫地跟庄，而且要跟强庄。在林永木看来，股市充满了赚钱的机会，不过具体会怎样表现，作为一个普通股民很难说清楚，但市场中的大资金会寻找时机创造机会，股民只要捕捉到这样的机会，赚钱就相对容易了！

生财有道

炒股在很多时候炒的是心情，拿不准主意了，开始犯嘀咕了，也就没有心情了。这时再强迫自己买入某只股票，就是不理性的做法了。林永木做得很好，对于自己没有把握的股票，他是坚决不会买进的，即使这只股票后来是看涨的，他也不会后悔，而对于自己看准的股票，则毫不犹豫地跟庄，而且是跟强庄。他一贯沿用的这个炒股原则经过证实还是很有效的。股市充满了赚钱的机会，不过具体会怎样表现，作为个普通股民很难说清楚，多数情况下，大家都是跟着感觉走，但很少有人能在感觉不妙时止步撤出，因此就会有很多人被套牢。

既然做其他事时知道没有把握就不做，那何不将这个经验也运用到炒股上来呢？也许有时相信一下自己的直觉没有坏处，最起码可以避免因决策失误而带来的心理负担。股市变幻莫测，不是靠"搏"就能赚大钱的地方，铤而走险未必是一种好的选择。如果人人都能在股市中"搏"赢，那岂不是人人都能炒股赚钱了吗？所以，对于大多数股民来说，没有把握的股票还是尽量不要买。

看一个股票会涨会跌是一门本领，不是一天练就的，但对于普通股民来说，掌握一定的方法可以帮助自己看准股票。

1. 要做自己最了解的那个行业的股票。也就是炒股要"不熟不做"，因为如果股票是你熟悉的行业，你就比较容易了解它的行业背景、业绩、题材、振幅、主力操作方法等，这样就容易确定买入和卖出的时间点以及最合理的价位，可以大大提升操作的成功率。

2. 在你最了解的行业中挑选经营业绩较好的股票，因为股东，也就是持股人，追求的就是股东权益最大化。

3. 查看该只股票的持股机构分布，依据股票的股权结构为自己的买卖决策提供帮助。

4. 查看该只股票一年来的成交量，估计机构投资者在该只股票上的建仓价格大概是多少。如一只股票现在的价格是 24 元，你需要查看的是该只股票在今年的 7 月成交量突然放大到每天成交几十万股，而不是平时的十万股左右，如果你看到的价位是 14 元，那么你可以肯定的是机构在 14 元建的仓，现在升到了 24 元，已经涨了 10 元，风险已经很大，这时你可以重新挑选一只机构建仓价位比较低的股票进行投资。

专家点拨

> 股民要坚持自己的选股逻辑：根据"价值＋成长"的原则选股，不炒垃圾股，不碰不熟悉的、有问题的股票。有些投资者喜欢听别人的，跟别人跑，或者过度关注短期的盈亏，这些都是不成熟的表现。

在最佳点买入股票，轻松地获得收益

有人说，股市就那么简单，低买高卖就可以盈利。但是哪个点才是最低点，哪个点才是最佳买入点呢？

财富故事

苗宇是一个刚刚进入股市的新手，在分析了几天的大盘之后，决定入市来尝试一番。他准备购买一只价格适中的股票，这只股票的价格波动不是很大，此时已呈下跌趋势。

苗宇知道如果能够在最低点购买然后在价高时卖出，自己就会获得一部分收益。可是苗宇始终犹豫着要不要买入，价格下跌时他担心自己买入之后会持续下跌；价格上涨时，他又担心自己买的价格贵了，无法获得预期收益。

就这样，苗宇犹豫了两天，始终没有下定决心购买。

生财有道

股票投资的盈利原则是低价买入、高价卖出，但是很多投资者像苗宇一样，时常因为犹豫不决而错过买入机会。为了避免这种情形，投资者应该掌握购买股票的技巧，分析股票的走势和行情，找准最佳的买入点。

那么，投资者应该如何把握买入股票的时间点呢？

1. 在股价上升成交量稳步放大时买入

当股价稳步盘升且成交量稳步放大时，主力会配合大势继续稍加拉抬股价，投资者可以大胆买入，等到股价突破一段飙涨期后再选择卖出。

2. 当股票持续下跌，且成交量稳步萎缩时，投资者应该适时抄底

在熊市到来时，很多股民纷纷卖出手中的股票，持空仓观望。其实，熊市也并不意味着肯定赔钱，如果股价比较稳定，且成交量也持续缩小，投资者就可以选择抄底。因为股价在大底部时，短期内可能会出现上升的趋势。

3. 强势新股在发行日换手率达到70%以上，投资者可以买入

一些新股在发行初期都有很好的行情，投资者可以选择成长性好的强势新股，即在上市日换手率达到70%以上的股票。当股票价格创新高时选择买入，并在盈利达到5%～10%时立即卖出，以规避投资风险。

4. 当行业前景好、业绩良好的股票出现暴跌时，是抄底的好机会

行业前景好、业绩有保证的股票可能由于某些原因出现暴跌的情况，不过，其未来很可能有持续上涨的趋势。这时就是投资者抄底的好机会，比如国家一直支持新能源的发展，这类股票发展前景良好，即便有动荡也不会成为垃圾股。

5. 当个股成交量持续超过5%时，投资者可以短线交易

当个股成交量持续超过5%时，说明主力交易比较活跃，股价也

会表现出很好的弹性。投资者可以在股价下跌时买入，但是千万不要长期持有。

6. 当大市处于上升趋势且初期出现利好消息时，应该掌握短线买入时机

当大市处于上升趋势且初期出现利好消息时，投资者应该及早买入低价股票。大市上升必定引起个股价格上升，及早买入就可以及早获利。

7. 题材股炒作初期，适时买入题材股

股市有时会出现一些题材股，使股票在短时间内迅速上涨。当某题材刚开始炒作时，投资者可以购买相关行业的股票，并短期持有。

8. 当 K 线底部连续出现小十字星，选择时机买入

当 K 线底部连续出现小十字星时，说明股价已经不会再持续下跌，可能有主力介入。如果这时底部有较长的下影线，说明股票价格有上扬趋势，是买入的较好时机，投资者应该立即买入。

专家点拨

人们常说好的开始是成功的一半。选择买入和卖出的时机对于投资者来说至关重要。在最佳点买入股票，投资者便可以轻松地获得收益；如果买入的时间不对，就可能遭遇很大的损失，甚至会被套牢。所以，投资者应该分析大盘的行情以及个股的走势，把握好时机，在最佳时间点买入。

迅速为自己解套，将危机转换为商机

股市中没有只涨不跌的股票，也没有永远的赢家。无论是新手还是老手，几乎所有人都难免遇到购进股票却被套牢的情况。而赢家和输家之间最关键的区别就在于被套牢之后的表现，赢家真正的高明之

处就是调整好自己的心态，该出手的时候就出手，该卖出的时候要毫不犹豫，迅速地为自己解套，将危机转换为商机。

可是在现实生活中，很多投资者一心想着赚钱，当股票被套牢的时候仍不甘心，要么抱怨自己运气不好，要么抱着侥幸心理等着股票的回升，这样一来，反而让自己的损失越来越多。

财 富 故 事

老吕是经验丰富的股民，在股市翻腾了十几年，对各种 K 线了如指掌，也赚了不少钱。一天他看中了一只潜力股，认为可能有大资本注入，停牌后价格可能大幅上涨，于是他不惜将手中的股票全部清仓，还抵押了房屋贷款 20 万元。

随后的股市行情却让老吕始料未及，第一天该股票跌停，接下来持续三天都出现了跌停的情况。这时老吕心中惊恐万分，如果再这样跌下去自己可能赔掉全部家当，甚至连房屋都会失去。于是他只能咬牙斩仓，虽然损失率超过了 10%，却避免了遭受更大的损失。

和老吕一起购买这只股票的同事就没这么好运了，老吕抛出时也提醒他赶紧抛出，但是他却没有听从老吕的劝告，期望股票能够奇迹般回升。最后，他投入的 30 万资金在短短的一周之内缩水 50%，被死死地套牢了。

这一次经历给老吕一个沉痛的教训，从此之后，他再也不会孤注一掷了，更不会举债来投资，他给自己设定了一个止损和止盈的标准。止损率和止盈率都不能超过 10%，一旦超过了这个限度，他就会立即抛出，绝不贪心。

生 财 有 道

其实，股民被套牢的原因无非两种，一种是在股票上涨时忍不住追高，希望能捞上一只涨停板，结果自己往往成为涨势末端被套牢的白老鼠；另一种是在股票下跌时，怀有侥幸的心理，希望可以等到上涨机会，最后只能在跌势末端认赔出场。

那么，股民应该什么时候卖出股票，才能避免被套牢呢？如何找到卖出股票的最佳时机呢？

1. 大盘行情形成大头部时，股民应该立即全部清仓

所谓大头部就是股价达到了历史最高点，大底部就是股价达到历史最低点。

很多股民只看个股的行情趋势，认为自己选择的股票持续上涨就可以赚钱，从而忽视了分析大盘的行情。其实，这种认识是错误的，只关注个股走势很容易形成一叶障目，只见树木不见森林的情况。

历史数据显示：当大盘形成大头部时，有 90% ~ 95% 以上的个股会下跌；当大盘形成大底部时，有 80% ~ 90% 以上的个股会上升。个股和大盘的联系非常密切，很少出现大盘持续下跌而个股却逆市上扬的情况，除非是个股在主力介入操控下。所以，大盘一旦形成大头部区之时，就是投资者果断卖出股票的时刻。

2. 当股价大幅度上升、成交量大幅放大的时候，股民应该立即卖出股票

当股价上扬时，是股民纷纷买入获利之时，这时成交量会随之放大。但是当成交量大幅度放大时，一些主力和大户就会纷纷抛售，没有主力愿意继续持有高价区的股票，因为这样会增加投资的风险。

所以当股价大幅度上升、成交量大幅度放大时，就是卖出的强烈信号，股民应该果断卖出，不应该长期持有该股。

3. 当股价大幅上扬后，股民应该抓住除权日前后这段关键时机，果断卖出股票

股权登记日后的第一天就是除权日或除息日，这一天或之后购入该公司股票的股东不再享有此次分红配股的权利。这样一来，股票的价格就会有所下降。在除权日之后，如果大多数人看好这只股票，股价就会有所上升；相反就会下降。

如果股价大幅上扬，股民应该抓住除权日前后这个关键时机，果断卖出股票，以免主力大范围出货，导致股票价格迅速下降。

4. 上升较大空间后，日 K 线出现十字星或长上影线的倒锤形阳线或阴线时，股民应该及时卖出股票

当股票上升一段时间后，日 K 线出现十字星的情况时，说明卖出和买入的力量相当，局面已经出现了大幅卖出的情况。这是股市发生转折的关键时刻，股民应该果断抛出。

当股价大幅上升，并出现带长上影线的倒锤形阴线时，说明当日的成交量大幅放大，也是股价见顶的信号，股民应该立即抛出。当股票形成高位十字星或倒锤形长上影阴线时，很有可能形成大头部，股民应该果断卖出。

其实，高手也有被套牢的时候，投资者不能简单地加以回避，只有果断地割肉才能减少损失。只要投资者能保住自己的本金，就还有翻本的机会。因为股市中同样没有永远的输家，赚钱的机会永远都在，今天没有赚到的话，还有明天。

投资者应该保持良好的心态，不要贪心，更不要冒险，只有学会见好就收，才能掌握卖出股票的时机，才能在保证安全性的同时获得更多收益。

专家点拨

　　所有的股民都怀有这样的希望，那就是用最低的价钱买进日后必涨的股票，然后在最高点卖掉。可是这只不过是股民们的一厢情愿而已，股市行情瞬息万变，刚刚还是涨势喜人的股票，在下一刻就可能持续暴跌。只有在关键的时刻果断抛出，才能避免损失继续扩大。就像股神巴菲特说的那样："要想在股市里赚钱，首先就要保住本金，而保住本金就要学会抄底逃顶。"

保持良好的心态，成为股市的赢家

股票投资和减肥一样，决定最终结果的往往不是技巧而是心态。股市行情变幻莫测，每一个波动都牵动着投资者的神经，因为他们将自己的资金投入一次次风险极高的博弈之中。如果投资者没有一个良好的心态，不管股价是上升还是下跌都紧张兮兮，就非得心脏病不可；如果投资者没有一个良好的心态，就会在交易中失去理智，造成判断失误。

财 富 故 事

何岭年近半百，是山东世纪通医药科技有限公司的普通职工。1992年，我国证券交易市场还刚刚起步，许多单位和个人在这片领域里淘得第一桶金。何岭的确也在这里面淘得了第一桶金，凭着丰富的投资经验，不管股市如何涨跌，他总是能及时嗅出大盘行情，事先做出调整，让自己的投资稳定增长。2001年10月，形势急转，而他仍认为能像以前那样安然度过低谷，接受委托资金超过100万元。2005年6月，沪指跌破1000点大关，一夜间回到了13年前，何岭自有的和朋友委托给他炒股的资金，在这次大跌中损失殆尽。

生 财 有 道

炒股不仅是勇敢者的游戏，更是智慧者的博弈，不仅仅需要专业的投资知识、敏锐的市场洞察力以及高超的炒股技巧，更需要良好的心态。只有保持平和的心态和理智的头脑，投资者才能掌握股市盈利的奥秘。

在炒股的过程中，投资者最忌讳什么样的心态呢？

1. 赌徒心态

股市犹如战场，需要人们利用金钱和风险进行博弈，但是股市并不是赌场，炒股也不是赌博，赌博的人每天都想着一夜暴富，甚至为了赚大钱而四处借债，或是卖掉车子、抵押房子。这样的赌徒根本不知道什么是风险意识，更不知道适可而止，最后只能输得倾家荡产。

2. 缺少平常心，情绪化严重

很多投资者的情绪容易随着股市的起伏涨跌变化，自控能力特别弱。一旦股市上扬了，他就会欣喜若狂，一旦股市下跌了就怨天尤人。在这样情绪极不稳定的状态下，人连冷静地做出决定都不能，怎能分析股票的行情？更何谈盈利赚钱呢？

3. 急于求成，没有耐心

很多投资者一进入股市就想着尽快赚钱，这是一种错误的心态。其实在股市中能赚到钱的人，通常都是有耐心和自制力的人。就如同美国股票投资家彼得·林奇所说的："股票投资决定最终结果的不是头脑而是耐心。"如果你总是频繁地买入卖出，却不肯耐心地持有潜力股，只能获得少许利润而已。

4. 太贪心，不懂得节制

很多人梦想着一夜就变成富翁，殊不知，这只有在梦里才能实现。有的投资者赚了10%的收益，心中想着再赚20%的收益，等到赚到20%的收益时又想着赚取50%的收益。有的投资者总共才有10万元资金，却拿出9万元来做投资，妄想一年能翻番赚大钱。这样贪心的人不仅无法赚大钱，恐怕还有可能会输掉自己的全部家当。

5. 过度依赖各种信息和股市预测

股价每天都频繁波动，多多少少会受到一些相关信息的影响。但是股市是一个变化莫测的地方，各种信息和预测满天飞，真正确定的信息却少之又少。如果投资者每天都关注这些信息，或是过分依赖这些信息，就会被这些信息和预测搞得团团转。

美国投资大师巴菲特曾经说过："我从来没有见过能够预测市场走势的人。"可是在实际生活中，很多投资者过度地信任和依赖这些信息和股市预测，以至于被信息所误导，遭受重大的损失。

6. 盲目跟风的心态

很多投资者没有自己的判断，或是缺乏自信，或是根本不愿意自己分析判断，只是盲目地跟着别人亦步亦趋，听到什么小道消息就立刻行动。这种心态的投资者根本不适合炒股，因为他们缺乏自信，犹豫不决，很容易因为盲目跟风而陷入投资陷阱。

7. 喜欢跟随庄家的心态

我们知道，一只股票开始上涨，内因可能是企业业绩良好，而外因可能是主力资金的介入。因为庄家具有资金雄厚、信息灵通和专业性强等优势，所以比散户更能掌握市场行情，甚至可以拉高股价。

如果散户可以跟随庄家的步伐，就可以从中获得收益；如果散户过分依赖庄家，完全跟随庄家，就很可能会被庄家的花招所迷惑。所以投资者不能一味地跟随庄家，不仅要懂得如何分析大势，更要懂得分辨庄家洗盘的手段，否则落入陷阱都不自知。

8. 亏损就是失败的心态

在任何生意中，有盈利就有亏损，这是很正常的现象，可是很多投资者却认为亏损就是投资的失败，认为自己的投资策略和方式完全错误，从而对股市产生一种恐惧的心态，甚至对自己失去信心。

亏损并不可怕，只要你吸取经验，仔细地分析行情，就有赢回来的机会；如果失去了信心，始终战战兢兢、犹豫不决，恐怕就永远也不会赢了。

专家点拨

"宠辱不惊，得失淡然"，这是成功者面对人生成败的良好心态，同样适用于炒股。所以，如果没有良好的心态，即便你经验再丰富、分析能力再强，也不可能成为股市的赢家。

多一些风险意识，少一些盲目冲动

巴菲特有一句最著名的名言："成功的秘诀有三条：第一条尽量避免风险，保住本金；第二，尽量避免风险，保住本金；第三，坚决牢记前两条。"为了保证投资的安全，巴菲特总是在市场最亢奋的时候时刻保持清醒的头脑，以控制股票投资的风险。

高风险是股市最主要的特征，专业投资者盈利的关键不是每单都获得高收益率，而是确保投资的安全性，妥善地控制股市的风险。如果投资者没有风险意识，即便在短期内取得暴利，迟早也会转为亏损，甚至赔掉自己的全部家当。

财富故事

旭东是股票投资的新手，刚开始进入股市时，他时刻记住"股市有风险"这一名言，谨慎小心地进行投资，每次只拿出几千元资金购买行情不错的股票。

有一次，他投入5000元购买了某只股票，短短几天内就翻了一番，获得5000元的利润。这下他有了赚大钱的念头，于是将全部10万元的家当都购买了股票，他想即便不能再次翻番，就是获得50%的利润也赚大发了。

最初几天，这只股票涨势喜人，短短一周内他就赚了2万多元的利润。这让旭东更加坚定了加大投资的想法，希望可以赚取更多的金钱。可是他的好运并没有继续，股票价格急转直下，连续4天都持续下跌，累计暴跌50%，导致他亏损了5万多元。

旭东由于没有风险意识，一味想着获得更多收益，结果被深深地套牢，损失了过半家当。

生财有道

股市是一把双刃剑，既可以给投资者带来巨大收益，也可能给投资者造成巨大损失。所以，"股市有风险，入市需谨慎"这句话并不是一句口号，而是无数投资者总结出来的经验教训。无数惨痛的教训告诉我们，股市投资最重要的是控制风险，而获得收益则是第二位的。

面对巨大的投资风险，投资者应该如何进行风险管理呢？又如何把风险降低到最低呢？

1. 不要有侥幸的赌博心理

很多初入股市的股民都急于赚钱，并且存在着侥幸的赌博心理，在没有了解股市行情和股票走势的情况下，贸然进行投资。在卖出时总是担心股票还会继续上涨，买入时就担心股票可能会下跌。同时，在选择股票的时候，按照个人心情或喜好进行选择：或是看股评说哪只股票好就买哪只，或是为了吉利而选择企业名称好听或带有"6"和"8"等吉利数字的股票。

2. 炒股不是靠运气，应该掌握专业知识

炒股不是只靠运气就能赚大钱的，即便你因为运气好而误打误撞捞上一笔，也不可能永远都有好运气。所以投资者应该掌握专业理财知识，包括股票基础知识、股票交易策略，以及如何分析股票行情等，这样才能成为一位稳健专业的股票投资人，才能降低股票投资的风险。

3. 掌握买进卖出的时机

选择买卖时机比选择股票更重要。不论是熊市还是牛市，股票投资都有很大的风险，所以投资者在进行交易时一定要掌握好买进卖出的时机。很多投资者为了获得更多利益，总想着股票能涨得更高，可即便是大盘持续上升时，每只股票也不能一直上涨。所以投资者不能太贪心，当盈利达到预期的盈利点时，应该果断地卖出；当股票下跌到你预期的亏损点时，也应该果断地割肉，否则就会遭受更多的损失。

4. 分散投资就是分散风险

做任何投资都不能将全部资金放入某一个项目，这样无疑增加了投资的风险性。如果分散进行投资的话，就可以分散投资的风险，将风险降到最低限度。投资者在选择股票时应该选择不同行业的不同公

司、不相关的企业来有效地分散风险。另外股票的价格也受到季节的影响，在股市的淡旺季会有很大的区别。投资者应该将投资或收回投资的时间拉长，不要急着注入投资或是收回投资，只有这样才能降低风险。采用分散投资的方式，即便这只股票出现了下跌，另外的股票也可能赚钱，不至于全军覆没。

5. 选择适合自己的投资方式

不同的投资者对于股市的了解不同，经济情况也有所不同，所以应该根据自己的实际情况选择投资方式。如果投资者是刚刚进入股市的新手，就应该谨慎小心，投入小额资金来练手，不要立即实盘操作；如果投资者有丰富的股票交易经验，应该选择中短线交易方式；如果投资者经验丰富、时间充裕，就应该选择日内交易来获得短期收益。

6. 控制资金投入比例，严禁重仓操作

在投资理财中，最忌讳的是重仓操作，一旦操作失误就会带来重大的损失。所谓重仓就是在投资股票时，投入的资金比例比较高，金融账户余额比例比较小。比如你拥有 10 万元炒股资金，将 5 万元投入某一种股票中，就是重仓了。一般来说，投资者应该投资 30% 的资金，最多不能超过 40%。如果投资者的重仓被套牢的话，就应该放弃短线投资，将有限的剩余资金用于长远规划，这样才能规避风险。

7. 不要听信小道消息，盲目地进行投资

很多新手在没有弄明白股市行情时，喜欢听取小道消息或所谓的内部消息，以为这样便可以利用内部消息赚大钱。其实，目前我国法律严禁炒作内部消息，那些连普通投资者都知道的"内部消息"肯定是假的，有的甚至是庄家放出来的烟雾弹。如果投资者盲目听信这些消息，就会增加投资的风险。

8. 查看股票所处的位置，不要购买高价股

购买股票最忌讳跟风和盲目，如果某只股票已经被炒到很高的位置，投资者就应该冷静地分析，不要贸然出手，需等到股价回落到合

理的位置再买入。

专家点拨

　　对于每一个投资者来说，炒股既是获得丰厚收益的机遇，也是充满了陷阱和风险的挑战，所以投资者应该具有风险意识，不要梦想着凭借股市发财，也不要梦想着成为下一个巴菲特。只有多一些风险意识，少一些盲目冲动，才能积累更多的财富。

第八章

以钱赚钱炒外汇，聚敛财富新工具

任何商品都会有差别，相应地就会有差价，而有差价就有利可图，货币也是如此。投资外汇就是赚取不同货币之间的差价。相对于其他投资形式，在普通老百姓中，利用这种形式投资的人较少。懂外汇的人仅仅利用几个数字的差别，就能从中获取较大的利润。近年来，随着经济的进一步发展，投资外汇成了赚取财富的有效途径。

认识外汇投资，进入"钱生钱"的市场

有 24 小时持续交易的市场吗？有一种可以在全球范围内交易的产品吗？不同的货币可以参与交易吗？答案是肯定的，那就是外汇。

财富故事

小茹从朋友那里得知做外汇投资可以让钱生出更多钱，十分心动，就开始跟着朋友学习投资外汇。在没有接触外汇之前，小茹没有丝毫外汇知识，一直觉得投资外汇是一件很难的事情。可是在朋友的带领之下，小茹居然还有了一些不小的收益，这让她觉得投资外汇并没有想象中那么难，甚至觉得赚钱好像也变得轻松容易了。

小茹第一笔外汇买卖就赚到了几百元钱，虽然钱不多，但是小茹觉得很知足。此后的日子里，小茹每天都会关注外汇信息，业余时间在家也会研究关于投资外汇的知识。就这样，小茹每个月都会在投资外汇中赚取一笔不小的收益，收入远远超越其他上班族。

小茹赚钱的方法很低调，带来的收益却是实实在在的。外汇涨幅并不大，而且汇市是 24 小时开放，即便小茹是一个朝九晚五的上班族，依旧不影响她做投资。现如今国内很多银行或者金融机构也都为方便大众做外汇投资，相继推出了外汇理财产品。

生财有道

这里列举这个例子是想告诉大家，增加财富的途径不仅仅只有股票和基金，投资外汇也是一个能快速让你的财富增长的好途径，而且是真正的"钱生钱"的投资市场。

投资者想要炒外汇就必须了解什么是外汇、外汇汇率以及炒外汇的几种交易方式等问题。

1. 什么是外汇

外汇是国际汇兑的简称，是外国货币或用外国货币表示的能用于国际结算的支付手段。它是国际贸易的必然产物，是国际间结算债权债务关系的重要工具。

一般来说，我们可以从两个方面来认识外汇，一是静态外汇，一是动态外汇。静态意义上的外汇又可以分为广义外汇和狭义外汇。广义外汇是指一切用外币表示的可以用来国际清债的支付手段和资产。其中包括钞票与铸币等外国货币；票据、银行存款凭证与邮政储蓄凭证等外币支付凭证；政府债券、公司债券与股票等外币有价证券；以及特别提款权与欧洲货币单位等。狭义的外汇是指银行汇票、支票、银行存款等外币资产。我们通常所说的外币就是这一概念。动态外汇是货币在各国间的自由流动，即从一个国家的货币兑换成另一国家的货币。

2. 外汇汇率

汇率又称汇价，就是外汇买卖的价格，它是用一国货币表示另一国货币的价格。

按照国际惯例，通常用三个英文字母来表示货币的名称，比如欧元汇率就是 EUR0.9705，英镑汇率是 GBP1.5237。

通常，汇率采用两种方式来进行标价，即直接标价法和间接标价法。报价一般是双向报价，报价方同时报出自己的买入价和卖出价，客户自行决定买卖的方向。买入价和卖出价的差价越小，投资者的成本就越小。

（1）直接标价法。它也叫作应付标价法，是以一定单位的外国货币为标准，计算出应付出多少单位本国货币。在国际外汇市场上，日元、瑞士法郎、加元等外汇都采用直接标价法。比如 JPY119.05 表示 1 美元可以兑换 119.05 日元。

（2）间接标价法。它也称作应收标价法，是指用一定单位的本国货币为标准，计算应收若干单位的外国货币。在国际外汇市场上，欧元、英镑、澳元等都采用间接标价法。比如 EUR 0.9705 说明 1 欧元可以兑换 0.9705 美元。

投资者可以研究以往的汇率走势，预测出汇率的未来走势，根据汇率的波动来最大限度地省钱。

3. 外汇交易的几种方式

外汇交易方式有很多种类，其中包括即期外汇交易、远期外汇交易、外汇期货交易和外汇期权交易。

（1）即期外汇交易。它又称为现货交易，是指外汇买卖成交后，交易双方在当天或两个交易日内办理交割手续的一种交易行为。它是外汇市场上最常用的交易方式，占据了交易总额的 50% 以上。它不仅可以满足买卖双方临时性的外汇需求，还可以避免外汇汇率风险。

（2）远期外汇交易。它又称为期汇交易，是指交易后双方并不立即办理交割，而是在未来按照规定的日期进行交易的交易行为。通常，投资者会在成交日三个营业日之后办理交割，而双方则在事先规定了币种、金额和汇率等条件。

（3）外汇期货交易。它是指在期货交易所内，双方通过公开竞价的方式，在未来规定的日期、地点，以约定的价格、数量来买进或卖出外汇的交易行为。外汇期货价格与现货价格相关，随着现货价格变动而变动，其变动幅度也大致相同。随着期货交割日的到期，期货合约的汇率与该种货币汇率差异也日益缩小，直到交割日时两种汇率重合。

（4）外汇期权交易。外汇期权交易与期货交易比较相似，是指交易双方在规定的期间按照商品的条件和汇率，购买和出售某种外汇的选择权的交易行为。它是一种有效的规避风险的工具，可以消除外汇贬值和汇率变化的风险，进行此等交易的投资是通过汇率变动来谋取利润。

专家点拨

外汇市场是 24 小时不间断的交易，它将国际贸易紧密地联系在一起，而外汇市场也是金融市场重要的组成部分，越来越受到投资者的青睐。

掌握相关知识，投资外汇其实很简单

目前炒外汇越来越受到投资者的欢迎，不过外汇投资看似专业复杂，如果你掌握了相关知识和技巧，外汇投资就可以变得非常简单。

财富故事

廖先生是山东金玖生物科技有限公司的经理，每天上午 9 点左右将一天的工作布置完后，他就会到工行网站上看一眼股市行情。他一直在网上炒汇，因此，一旦发现自己持有的股票涨了些许，他就轻点鼠标卖出，买卖就这样达成了，他小赚一笔，心中也不免窃喜。

而在每天的下午时分，国际各大汇市相继开盘，廖先生也会到网站上去看看，在一个合适的机会买入了美元兑英镑。而再次登录时，发现兑美元的比价已经升到了较理想的价位，并且经过分析之后，他发现趋势较理想，且近期英镑还有上涨的空间，于是就没有卖掉手中的英镑。就在某天半夜，他认为基本达到了最高点时，又轻点鼠标卖出了手中的美元。在第二天早上行情就下跌了，如果到银行网点去排队操作，美元都不知会跌到什么程度了。廖先生通过多年的炒汇经验告诉大家：要及时抓住行情，判断走势，该出手时就出手，不可优柔寡断。

生 财 有 道

1. 外汇投资方式

一般来说，外汇投资主要有两种方式，即外币存款与外汇买卖。

（1）外币存款分为活期与定期两种。对于个人投资者来说，定期存款比较合算，可以获得更多的利息；活期存款虽然存取自由，不过利息比较低。目前定期存款存期可以分为 1 个月、3 个月、半年、1 年和 2 年。因为汇率变动频繁，所以个人投资适合选择 3 个月、半年这类较短的存期。

（2）外汇投资就是利用不同货币之间的差价来获利。其本质就是在货币转换的过程中淘金。它是一种风险较高的投资方式，主要是根据汇率走势来买卖，如果把握好买卖时机、准确选择币种，就可以获得丰厚的收益。

2. 看清汇率的标价方式

除了英国、美国、澳大利亚和新西兰等国家之外，绝大部分国家都是采用直接标价法来表示外汇。一般来说，1 单位或 100 单位的外币可以兑换多少本国货币，本国货币的汇率就是多少。比如人民币汇率是 6.6460，那就代表着 1 美元可以兑换 6.6460 元人民币。

本国货币越值钱，单位外币所能兑换的本国货币就越少，汇率就越小；相反地，本国货币越不值钱，单位外币所能兑换的本国货币就越多，汇率就越大。

汇率报价随着市场的变化而变化，各银行一般都会随时向客户公布牌价。投资者可以根据汇率的变化情况来判断交易的方向，而想要通过炒外汇来盈利，投资者就必须随时关注汇率的变化。

一般来说，建行牌价变动最为频繁，几乎和国家外汇市场同步，大约每隔 40 秒就变动一次。工行汇率的变动也非常频繁，交行和中行的变动频率则相对小一些。

3. 最佳的外汇交易时间

外汇市场是一个 24 小时持续不间断的交易市场，但是汇率变动频率也有所不同，有些时段的变动比较频繁，有些时段的变动不是十分频繁，而汇率的活跃性也是直接影响投资者收益的关键因素。

由于外汇市场是国际性的金融交易市场，一个市场汇率的变动可能会影响到其他市场的变动，但是不同的外汇市场汇率变化的规律也有所不同。

纽约市场是美国股市最大的资本流动中心，也是全球最大的外汇交易市场。交易时间是北京时间 20：00 到次日 4：00，高度的活跃性意味着投资者盈利机会更高。东京市场是亚洲最大的外汇交易市场，交易时间是北京时间 8：00 ~ 11：00 和 12：30 ~ 16：00。对于国内个人投资者来说，外汇交易的最佳交易时间就是亚洲市场和欧洲市场重叠的时间，即北京时间的 15：00 ~ 16：00。我国各大银行上午的汇率变动比较少，下午 13：30 ~ 15：30 这段时间汇率活跃度最高。另外，每周周二到周四的时间是一周交易较活跃的时期，比较适合交易。所以投资者在炒外汇时，要密切关注国际汇率变动的活跃性，只有在高度活跃时段进行交易才能增加盈利的机会。

4. 炒汇之前要树立良好心态

炒外汇是钱生钱的投资，由于外汇汇率波动频繁，面临着很大风险，所以投资者应该树立良好的心态。

（1）投资一定要有耐心。人们常说"戒贪、戒躁、戒盲从"，这是投资理财的三大定律，面对充满风险的外汇市场，投资者只有保持良好稳定的心态，才能赢得盈利的机会。

（2）明确持有外汇的用途。人们持有外汇的目的有很多，或是为了储蓄，或是为了准备出国资金，或是为子女准备留学教育基金。只有明确持有外汇的目的，才能应对自如。

（3）考虑个人投资的盈亏比率。汇市有风险，投资者应该根据个人的实际情况来确定投资方案，考虑自己能亏多少，要赚取多少，只有做到了止盈止损，才是明智之举。

专家点拨

　　个人炒外汇的方式有很多，个人可以到银行柜台办理开户，也可以通过电话的方式来办理开户。柜台交易只需要提供个人身份证件以及外汇现金、存折或存单就可以办理了，而电话开户需要个人投资者带着身份证件到银行网点办理电话交易的开户手续。

外汇冲浪讲技巧，方能轻松立潮头

　　比尔·利普舒茨是世界著名的外汇投资大师，他经手的单笔交易金额通常都高达数十亿美元，获利通常也是以千万美元计算。他说："成功的外汇交易，关键在于持续累积有利的概率和胜算。你越能够稳定地累积这类的概率，就越有可能获得长期的成功。交易员能够控制的仅限于明智地分析与明智地下注。所谓明智，就是掌握胜算和提高有利结果的发生概率。"

财富故事

　　郭先生是山东东贝医药科技有限公司的一名员工，几年前，他听从妻子的建议，买了一些外汇，并结交了一些懂外汇的朋友共同炒汇。时至今日，他的炒汇收入已经达到了4万多元。

　　刚开始，他懂得不多，就向那些懂外汇的朋友请教投资策略。朋友对他说，可以尝试两种投资策略——如果平时时间比较紧，就看准一个货币进行中线投资，低价买进高价卖出；如果平时时间充裕，就采取短线炒作，进行高抛低吸的波段操作。

　　郭先生想，平时没什么业务需要忙，而且自己对政策很敏感，所以做短线投资比较合适。不过，短线操作需要及时地了解外汇信息，于是郭先生便在自己的电脑上将有关外汇的网页都设置在最前面，然后每天观察外汇行情。

在一切就绪后，郭先生进行了投资。刚开始，他比较看好欧元，想入市投资，可是在欧元经过了近两年的单边上涨后，出现了回落的趋势，很多人开始质疑欧元的实力。但在此时，郭先生并没有动摇，而是继续跟踪国际上的经济和政治信息。

终于有一天，他从电视上美联储主席的公开讲话中，听出了一些蛛丝马迹——美元可能会下跌，而相对地，欧元则可能会上涨！

郭先生马上行动起来，打电话买入大量欧元。而欧元果然在此后一路上涨！让他大赚了一番。

生 财 有 道

外汇交易就是在货币中淘金，用钱来生钱。目前外汇市场已经成为世界上最大的金融交易市场，其规模已远远超过股票、期货等市场。不过，与股票市场相比，外汇市场更加复杂、风险性更高，投资者只有掌握相关知识和投资策略才能获得盈利空间；如果盲目地进行投资，就会遭遇严重的损失。

下面是新手入汇的一些买卖技巧，希望新手投资者能够从中获益。

1. 投资有风险，用"闲钱"来投资

外汇投资有很高的风险性，如果投资者拿出全部积蓄或是家庭生活的必需费用来投资，一旦赔钱就会影响家庭生活。所以，投资者应该保持客观、冷静的态度，用那些没有急切用途的"闲钱"来投资。

2. 制订合理的投资计划，不要轻易更改

投资者在投资前要分析影响交易的因素，然后制订合理的投资计划，并且严格按照计划来操作。千万不要看到汇率短期的涨落而轻易改变计划，盲目而临时的决定往往会增加投资的风险性。

3. 不要在等待中错过最好价位，坐失良机

很多投资者的做法与上面正好相反，他们开始会建立一个盈利目

标，比如要赚到 200 美元再卖出，并一心等着这个目标的到来。之后盈利目标越来越接近，赚到了 195 美元，这是获利平仓的好机会，可是投资者却忽略汇率变动等因素，一味地等待这个目标，于是便错过了最好的时机。

4. 亏损时不妨适当停买停卖

当投资亏损时，投资者的信心和判断可能会受到一些影响，如果继续加大投资的话可能遭遇更大的损失。这时投资者不妨短暂地离开，休息一段时间，这样重回外汇市场时就可以重新认识市场，看清未来投资的方向。

5. 量力而行，切不可孤注一掷

外汇市场走势难以预测，孤注一掷很可能导致投资者倾家荡产。任何投资都应该量力而行，根据个人实际财务状况投入少量资金，等到经验丰富、熟悉市场后再逐渐增加部分投资，只有这样循序渐进，才能保证长期收益。

6. 当机遇出现时要果断出击，不要犹犹豫豫

投资不仅需要谨慎小心，更需要果断和勇敢，如果面对投资的风险犹犹豫豫，不果断行动，即便掌握再多的专业知识也都是纸上谈兵。当机遇出现时果断出击，勇于出手，才有赚钱获利的机会。

7. 顺势操作，低买高卖

与股票一样，投资者进行外汇买卖时应该采用顺势操作的方式，当外汇价格低时及时买入，当价格升高时应该及时卖出。

8. 耐心也是关键因素

很多投资者赔钱的根本原因不是没有分析能力，也不是缺乏投资经验，而是缺乏韧性和耐力。他们经常看到价格上涨下跌就急忙交易，过早买入或者卖出，导致了不必要的损失。

专家点拨

> 对于投资者来说，外汇市场并不是轻松获利的地方，在频繁的汇率波动中，投资者可以获得很多赚钱机会，但同样也面临着很大风险。所以投资者只有分析外汇投资的优劣，考虑各种影响因素，掌握投资的技巧和策略才能赚到该赚的钱。

明确优势和劣势，选择外汇交易平台

与债券交易、基金交易一样，外汇交易也需要选择一家优质的交易平台，才能保证盈利。不过外汇交易面对的是全球市场，市场上提供的平台更是纷繁复杂，令投资者眼花缭乱，很难选择出适合自己的交易平台。

财富故事

赵小姐研究生毕业以后，省吃俭用攒了一些钱，就选择了一家交易平台全部用来投资外汇，可不幸的是汇率一降再降，收益微乎其微。失望之余，她深感成为一个富裕的人比登天还难。可是，她并没有灰心，于是在下次发了丰厚的年终奖时，她又全都买了外汇。一开始，她小挣了一笔，谁想到，好事不长，汇率又跌了下来。

但世上没有后悔药卖，痛定思痛，赵小姐决定再买，长期持有不动摇。经过对相关外汇知识的认真学习和谨慎的选择，赵小姐认购了新的外汇。可不幸的是，股市动荡，整个经济都受到影响，汇率也受到影响，跌了不少。但这次赵小姐咬着牙没有赎回。苍天不负有心人，赵小姐终于等到了赢利的时候。年底，股市转牛，整个经济都在复苏，汇率也一样，上涨了几个点，赵小姐也尝到了甜头，获利颇丰。

目前我国外汇交易越来越普及，投资外汇交易的个人也越来越多，各大国有银行都开始办理外汇交易业务。同时国外很多不错的交易平台纷纷进入中国市场，业绩不错的保证金公司目前大约有几百家。

那么，我们如何从众多平台中选择出一家优质的交易平台呢？一个优秀的平台应该具有哪些优势呢？一般来说，投资者可以从信誉度、杠杆比例、最少开户金等方面来考察一个交易平台是否优质。具体来说，投资者应该注意以下几点。

1. 交易平台信誉度要好

信誉度是衡量一个保证金公司是否优质的关键因素。投资者应该弄清佣金的收费标准、隔夜利息的计算方法等问题。如果保证金公司随意改变收费的标准和隔夜利息的计算方法，就代表信誉存在着一定问题，投资者应该谨慎选择。一般来说，交易平台最高是 5 颗星，拥有 5 颗星、4 颗半星的保证金公司都可以信赖。

2. 杠杆比例

外汇交易也叫作外汇保证金交易，交易时投资者只需要付出 1% 到 10% 的保证金，就可以进行 100% 的交易。但是杠杆是双向的，一旦您的交易与行情相反，亏损是巨大的。用杠杆来进行外汇交易，可以增加外汇的流动性，如果没有杠杆作用，按照外汇的波动率几乎没有人会对外汇感兴趣。所以银行会给外汇公司交易杠杆，而根据交易公司的业绩和信誉，其杠杆比例也有所不同。如果杠杆比例是 10 倍，那么就是我们投入 100 元保证金，可以获得 1000 元的交易。交易平台的杠杆比例越大，投资者获得的收益就越高，面临的风险也越高。所以杠杆可以让投资者一夜暴富，也可以让投资者一夜倾家荡产。雷曼兄弟破产、高盛集团陷入财务危机，最主要的原因就是在资金上运用了过高的杠杆。所以投资者在选择交易平台时，千万不要为了追求高利润而选择过高的杠杆比例。

3. 交易平台运转是否稳定

不同的保证金公司由于管理水平不同、综合能力不同，平台本身运转情况也有所差别。管理水平高、综合能力强的公司可以保持稳定的运转，即便国际市场发生重大波动，也可以维持正常交易。那些管理水平低、综合能力差的公司，就可能会为了保证正常运转而提高佣金或点差，甚至导致无法正常交易。所以，投资者一定要考察交易平台以往的运转情况，选择稳定性好的保证金公司。

4. 最少开户金

一般来说，保证金公司都会规定最少开户金，中行、工行开户起点金额为 500 美元，交通银行的最少开户金是 2000 美元。国外著名的外汇经纪商 Easy Forex（易信）的最少开户金是 25 美元，AVAFX 的最少开户金是 100 美元。投资者可以选择最少开户金较少的交易平台，这样可以降低投资的成本。

5. 监管制度要健全

外汇投资风险极大，风险控制能力较弱的公司很可能面临亏钱和破产的可能。目前国内市场上有很多国外的外汇保证金公司，有些公司甚至为了逃避监管，故意在监管不严格的国家或是某不知名的小岛注册。所以，投资者一定要选择拥有健全监管制度的国家的保证金公司，这样才能保证投资的安全。

6. 选择交易成本适当的平台

目前保证金平台的交易费用有高有低，有的高达 20 点，有的只有两三点。投资者应该选择交易成本小的平台，实现利润的最大化，但是没有成本未必就是好事，也可能会增加投资的风险。一般来说，4 个点是保证金公司维持正常运行的保本点，6 个点就可以实现盈利。投资者应该选择 4~5 个点的交易平台，这样就可以获得很好的利润。如果高于 6 个点，就属于高收费了，低于 3 个点的话就可能存在更大风险。

专家点拨

> 选择好的交易平台对投资者来说十分重要，只有明确各个平台的优势和劣势，然后根据自己的实际情况进行分析，才能找到更好的平台。

洞察汇率变化，判断外汇走势

近几年以来，受到人民币加息和美联储降息等因素的影响，人民币兑美元汇率持续走高，人民币升值比较明显。在这种情况下，如何通过外汇进行理财，就成了投资外汇人士的关注热点。

财富故事

留美博士老秦1998年回国后一直在汇市中摸爬滚打，经验丰富、心态平和，最近几年在汇市上一直保持着大幅赢利。

商人小齐早年做生意，也算得上是暴发户，悟性高、上手快，在汇市上屡试不爽，如今已"弃商从汇"，踏踏实实地当起了职业炒民。

"货币是一种资产，投资是一种时尚。"就这样，小齐和老秦，相遇在京城的汇市大厅。宽敞的银行外汇交易大厅中，老秦正昂头观看报价大屏幕上不断闪动的外汇牌价，突然肩膀被人拍了一下。"老秦，好久不见呀！"回头一看，发现小齐已满面笑容地站在身后。"是啊！最近老是见不到你，在忙什么呀？""这不，'十一'前去了趟东南亚，上周五回来当天就赶上美国公布的非农业就业人口数据低于预期，弄得非美货币全线上涨，"小齐边说边坐了下来，"我在1.2330进的欧元，还不错，1.2400跑了。这不，周二欧元又跌下来了，所以过来跟你聊聊。""噢！"老秦扶了扶鼻梁上的眼镜说，"周二欧元下跌主要是前期获利盘高位回吐，再加上欧元区数据不好。不过现在正好接近了前期上升通道的下沿1.2300，短线应该有一定支撑吧。"说着话，小齐忽然想起一件事情，他说："时间差不多了，我回去接孩子了。"老秦这才想起自己也还有事要办。周围的人听到他俩的谈话，都不禁微笑，因为大家都有类似的经历，因谈外汇而忘了正事。

生财有道

在外汇交易中，懂得如何判断外汇走势，顺应行情趋势的方向是非常重要的。投资者可以根据以下相关信息来判断汇率的走势。

1. 关注国家的货币政策

央行通常会利用货币政策来进行宏观调控，这些政策在影响经济的同时势必也影响到汇率的走势。当经济衰退时，国家会增加市场货币供应量，实行降息方式，汇率就会有所降低；当经济过热时，央行会减少货币供应量，或是采用加息的措施，这时汇率就会有所提升。

央行最重要的职能就是稳定货币汇率，根据国家的经济发展需要，央行会选择性地采用强势货币政策或弱势货币政策。美元就是最坚持使用强势货币政策的币种，以此保证其对外币的高汇率。

2. 突发金融事件影响汇率走势

国际上一些突发金融事件可能会导致某国国币出现大幅度贬值和升值，比如东南亚金融危机，以索罗斯为首的西方基金在各大股市、外汇市场进行大规模交易，并利用保证金制度扩大交易规模，导致东南亚一些国家货币贬值超过50%。

3. 各国经济增长速度影响外汇走势

经济增长速度是影响汇率的最基本因素，一个国家经济增长良好，国家的货币就会升值，相反货币就会贬值。比如2014年我国经济增长速度是7.3%，2015年的增长速度是6.9%。所以2015年人民币兑美元的汇率是呈整体下跌趋势的。

4. 市场预期重大变动对汇率有较大影响

外汇市场是一个心理市场，市场人士心理的预期变化也会影响汇率的变化。一些非常重大的事件在没有结论前，比如国际形势、国家政策、军事行动和经济事件都会影响投资者的心理预期，影响外汇行情的走向。

5. 国家进出口贸易影响汇率的变化

国家进出口贸易的情况也会影响汇率的变化，如果一个国家的对外贸易出现顺差，就说明国际市场对该国家货币的需求增加，其汇率就会上升；如果一个国家的对外贸易出现逆差，那么，国际市场对该国家货币的需求就会减少，其汇率就会下降。

6. 利率和汇率是息息相关的

利率和汇率是息息相关的，如果一个国家利率过低，货币就会从一个低利率国家流向高利率的国家，投资者通过差价进行获利。所以，各个国家纷纷通过调整利率来控制汇率的走势，避免货币严重贬值。

比如 2004 年美联储多次加息，使得美元不断升值，美联储利率与美元汇率也是持续上升，美元成为国际市场的焦点。2007 年，美联储连续降息后，美元利率也达到最低水平，货币也连续地贬值。所以利率是影响汇率的重要因素，并左右汇率走势。

7. 物价指数影响着汇率

物价上升会引起通货膨胀和货币贬值，而汇率也会随之降低；物价下降会引起通货紧缩，货币出现了升值，汇率自然就会升高了。

专家点拨

投资者应该准确地预测汇率走势，把握交易的最佳时机。如果投资者懂得如何判断市场的正确走势，并与其保持一致，利润就会滚滚而来；如果投资者判断失误并进行逆势交易，就很难实现投资目标。

风险警报长鸣，严格遵守操盘原则

一位成功的投资者说："每当我感到精神状态和判断力低于90%时，我就开始赔钱了；而当我的状态和判断力高于90%，我就开始赚钱了。"

外汇投资并不是简单的事情，投资者不仅需要树立风险意识，还需要保持良好的精神状态和准确的判断力，更需要懂得一些外汇操盘的原则。如果违背了其中的原则，就等于站在悬崖边上进行赌博。

财富故事

山东朱氏药业集团物流有限公司的王小姐工作后省吃俭用攒下一笔钱，她想做一些理财投资。听人说外汇交易可以在短期内赚钱，她便将全部资金都投入其中。刚开始汇率一再下降，收益微乎其微，她觉得是自己经验不足的原因，于是便每天研究汇率走势，希望可以挽回之前的损失。之后，她判断汇率会上升，便将全部年终奖拿来投资，谁知由于股市动荡，汇率价格也出现了波动。王小姐再一次吃到了被套牢的苦头。

生财有道

投资不是赌博，外汇市场也不是赌场，投资者应该严格遵守以下操盘原则，避免让自己落入失败的深渊。

1. 严格进行资金管理，远离盈利的诱惑

投资者应该谨慎小心，不要小看外汇市场的风险性，更不要将全部资金都投入其中，否则一旦持续下跌就会损失惨重。投资者应该严格管理资金，保证入场资金不超过账户资金的15%，这样不管是赢利还是亏损都不会有太大的风险。

2. 顺势交易是外汇市场制胜的秘诀

外汇市场价格波动频繁，缺乏经验的投资者在开盘买入或卖出某种货币时，一旦看到盈利就会立即平仓。这种做法是错误的，很可能会使自己错失获利的时机。捕捉获利机会是一门学问，人们不能片面地跟着价格的浮动而买卖，而是应该注重汇率上升和下跌的趋势。只有准确地判断汇率走势，顺势进行交易，才是获得长期收益的秘诀。

3. 不要过度交易，要适当投资

投资者在交易时应该保持决断适度，不能过量交易。如果你手中资金不足，却仍坚持加大投资不肯斩仓，一旦出现市场动荡就会损失很大。如果投资者精神状态和判断力已经严重下降，却仍勉强支撑不肯离开，就会让自己亏钱。

4. 每天只能发布一次命令

频繁地买进卖出，不仅会让投资者陷入情绪化的陷阱，还避免不了出现差错。投资者应该为自己制定规则，每天只发布一次命令，不管是正确还是错误。

5. 市场不明朗时绝不轻易进入

外汇交易需要稳扎稳打，看准市场的发展趋势来进行投资。成功的投资者懂得抓住机会和等待机会，绝不会贸然地进入外汇市场。尤其是在市场不明朗时，如果贸然进入就可能放大亏损率。

6. 严密观察市场行情，随机应变

市场瞬息万变，投资者应该冷静理智地选择投资方式，充分地考虑和分析市场行情，预先定下当日入市的价位和计划，根据眼前价格的涨落再及时调整计划。

7. 自律是炒汇成功的保证

外汇市场风险非常大，投资者想要炒汇成功，就应该有效地控制风险，而增加自律就是最关键的保证。在面对巨大诱惑时，投资者要做到能控制自己、监督自己，这样才能保证投资的成功。

专家点拨

　　风险，并没有因为外汇市场具有公开、透明、不为人所控制等优点而被屏蔽，投资者在外汇市场上仍能清楚地感受到它的存在。所以，不得不再次提醒投资者应时常拉响你头脑中的红色警报。

第九章

进入神秘"金市"，挽救缩水的钱包

在几千年的人类历史中，黄金自从被发现之日起，就成为财富与价值的永恒象征。随着我国居民收入的不断提高和人民理财热情的不断高涨，如何发挥黄金在个人理财中的优势，成为一个非常现实而重要的问题。"金银天然不是货币，货币天然是金银。"这句话表明了黄金作为价值的代表，在个人理财中具有显著的地位。其实，投资黄金并不神秘。

理财产品虽然多，投资黄金更精彩

我们知道，自古以来黄金就是十分贵重、稀有的金属，它不仅是财富的象征，也是国际市场上流通的货币等价物。黄金具有固定的内在价值，且价值的稳定性非常强，所以是世界上公认的最具有保值增值作用的国际硬通货，也是最保值的投资产品。

财富故事

2018 年 8 月，黄金需求降至 2009 年以来的最低水平。2019 年 4 月，黄金价格也创下了类似的低点。然而，形势很快发生了翻天覆地的变化。2020 年 5 月，黄金价格上涨了约 11%，达到 1749.11 美元/盎司，涌现出一波黄金投资热潮，让人不禁联想到前几年让全世界惊叹的中国大妈购金热。

2010 年到 2013 年，国际黄金价格持续上涨，我国很多中年妇女投资者开始大量购买黄金首饰、金币等实物黄金，即"大妈炒黄金热"。2013 年 12 月，曾经创下了 10 天时间横扫 300 吨黄金的记录，总价值高达 1000 亿人民币。这是因为这些投资者认为黄金是永远都不会贬值的，它就是财富的象征，即便无法升值，还可以把它传给子孙后代。

生财有道

近年来，国际黄金市场的价格也是一路上涨，越来越多的投资者开始关注黄金投资市场。既然黄金投资风险小又可以保值，那么，它对于投资者理财具有哪些优势呢？

1. 保值增值的最佳投资工具，抵御通货膨胀的最佳方式

如果出现了通货膨胀，物价大幅上涨，货币严重贬值的情况下，储蓄和炒股都会具有很大的风险。在很多投资者看来，投资大量的黄金便可以跑赢通货膨胀。虽然这种说法有些言过其实，但是投资黄金

确实是最好的抵御方法。在 20 世纪几次较大的金融危机中，很多国家都是通过加大黄金储备的方式来抵御通货膨胀的。

目前，世界经济低迷，很多国家金融市场前景并不是很好，所以黄金作为一种增值保值的理财产品仍有上升的空间，投资者应该把握好机会，中长期地持有黄金。

2. 黄金是国际市场上唯一的硬通货

近年来，黄金价格持续地上涨，虽然价格稍有波动，但是黄金投资市场整体上处于长期牛市。这是因为黄金作为国际市场上唯一流通的硬通货，不论经历多长时间，其质地都不会发生变化，价值也不会发生变化。虽然黄金本身不能生息，也不会增量，但是无论货币怎样贬值，利率如何变化，黄金的价值都不会变化。

同时，黄金本身具有购买力，投资者可以随时将黄金变现为人民币、美元及欧元等。即便一些国家不认同美元、人民币，但是它们却不能不认同黄金，黄金在任何地方都可以流通。

3. 黄金市场是全球性的市场，透明度高，不容易被人操控

股票市场、债券市场是具有地区性的，很容易被人为地操控。在现实生活中，很多集团或是大额投资者为了谋取巨额利润，都通过不正当的手段来操控股票价格走势。

而黄金市场属于全球性市场，透明度高、价格全球统一，很少有财团或是国家具备操纵黄金市场的能力。所以对于投资者来说，黄金市场的交易更加公平公正。

4. 黄金价格波动比较大，投资者有获得利润的空间

国际黄金市场的价格受到各种经济因素、政治因素和突发事件的影响，比如国际原油价格的上涨，会刺激黄金价格上涨；局部的战争则会导致黄金价格下滑。投资者可以关注世界时势的变化，预测黄金价格的波动，并利用其差价来获利。

5. 黄金投资是税负最轻的投资项目

投资黄金是世界上税负最轻的项目，只需要缴纳黄金进口报关费

用就可以了。但是股票交易和房产投资则需要缴纳相应的税收，其成本要比黄金投资高很多。比如，房产投资要缴纳房产税、个人所得税和印花税等，这对于投资者来说也是一笔不小的数目。

6. 市场前景良好，我国将迎来黄金投资时代

目前我国几乎是全民炒股，股市非常狂热，但是黄金市场却没有真正火热起来。现在我国大部分投资者在黄金上几乎是空仓的，因此黄金投资还有一个很大的空间。

纵观黄金市场的走势图，历史上黄金市场共出现了两个牛市，第一个是从 1968 年开始到 1980 年，黄金价格从 35 美元/盎司暴涨到了 850 美元/盎司；第二个是 2001 年，黄金价格原本为 255 美元/盎司，然后一路飙升，到了 2011 年其市场价格达到了 1920 美元/盎司。由此，很多投资者看到了黄金投资的价值，纷纷从股票、基金市场撤出，转战黄金这个大牛市。

专 家 点 拨

　　一个市场开放得越晚，投资机会就越大。我国直到 2003 年才开放黄金市场，允许个人自由买卖黄金，所以黄金投资在我国还有很大的投资机会和市场前景。黄金投资确实是一种风险小、能保值又能赚钱的投资方式。

弄清金价波动原因，瞅准选购时机

黄金是抵御通货膨胀的最有力工具，被誉为"通货膨胀的克星"。但是黄金本身也是一种商品，其价格是根据美元来确定的，所以黄金并不是永远都不贬值的。其价格受到了本身供求关系以及很多外在因素的影响。

财 富 故 事

谢红是一名银行职员，工作几年的她，手里积攒了一些资金，她觉得投资黄金是一个好机会。通过对市场各方面的综合分析，她选择了纸黄金的投资，因为纸黄金流动性强，可以随时变现，没有保管与存储成本的费用。

2008 年，她以 190 元/克的价格购入 1 万元的纸黄金小试身手。等到年底，纸黄金价格升至 210 元/克。随着时间的推移和市场的起落，谢红也把资金追加到 5 万元。由于纸黄金业务可以 24 小时交易，于是，她每天下班后，便利用晚上的时间来进行打理。

到 2011 年，黄金市场开始变得异常火爆，每克黄金已经涨到了338 元，狂热的氛围除了让谢红感到兴奋，她也感到一丝不安，于是决定立刻抽身离开，此时，她投入的 5 万资金，已经变成了 11 万多！

生 财 有 道

投资者在投资黄金时，应该与投资债券、股票一样，时刻关注市场行情的变化。黄金具有特殊的属性，其价格变化波动非常复杂。那么，影响黄金价格波动的因素主要有哪些方面呢？

1. 黄金本身供求关系会导致其价格波动

我们知道，在市场经济条件下，商品价格的波动主要受到市场供求关系的影响，当供不应求时，商品的价格就会有所上升；当供过于求时，商品的价格就会下降。黄金交易也是市场经济的产物，其价格也受市场供求关系的影响。全球黄金的储备量、每年供应数量都是影响黄金价格的主要因素，如果黄金产量大量增加，市场上的黄金供应充足，价格就会相应地降低；如果黄金储备量不断减少，每年能开发的黄金数量减少，黄金的价格就会上升。

2. 美元走势会造成黄金价格的波动

美元是国际流通货币，虽然它的保值性没有黄金稳定，但是其流通性非常强。当美元指数暴跌的时候，黄金价格就会上涨；当美元指数上升时，黄金价格就会下跌。那么，美元为什么对黄金具有如此大的影响力呢？

（1）美元和黄金是国家货币体系中最重要的储备资产，如果一个国家美元储备增加的话，就会相应地减少黄金的储备；黄金储备增加的话，就会相应地减少美元的储备。另外，如果美元走势坚挺的话，一个国家就会加大储备数量，自然就会减少黄金的储备数量，从而削弱了黄金的保值功能。

（2）美国目前是世界上实力最强的国家，对外贸易总额位于世界第一位。世界经济形势受到美国经济的很大影响，世界经济的好坏也直接影响着黄金价格，所以美元的走势对金价有很大的影响。比如，20世纪末，美国经济发展良好，持续100个月呈现稳定增长趋势，美元走势强劲，所以导致黄金价格持续走低，一度陷入了低谷之中，投资者也纷纷抛出黄金。

（3）世界黄金市场一般都是以美元来对黄金进行标价，这样一来，美元贬值势必导致金价的上涨。

3. 利率对黄金价格波动具有明显的影响

调整利率是国家宏观调控的主要手段，此举对于市场上的商品交易具有很大的影响，尤其对于金融衍生品的交易影响更大。一般来说，美联储利率的变化对黄金价格的影响比较大，如果美联储降息的话，就会减少银行存款的收益，导致投资者将资金转换为投资和消费，加大了资金的流动性，从而导致该国货币的贬值，可能还会推动通货膨胀、经济过热现象。所以，美联储降息可能会导致美元汇率下降，从而促进黄金价格的上升。

如果我国利率下降的话，就会降低黄金投资交易成本，促使投资者增加对黄金的投资；如果我国利率上升的话，投资黄金的成本就会上升，投资者就会面临比较大的风险。

4. 通货膨胀对黄金价格的影响

一个国家的货币购买力取决于物价指数。当物价稳定时，货币购买力就会稳定；通货膨胀越严重，物价上涨幅度越大，货币的购买力就越弱。当居民持有现金大幅贬值，短期内通货膨胀率较高时，居民所持有的现金就根本没有任何保障，以前100元可以买到的东西可能需要花费500元才能买到。这时，现金的利率根本赶不上物价暴涨的速度，所以人们就开始恐慌，从而竞相购买保值性比较好的黄金。这样一来，黄金的价格就会随着通货膨胀而上涨。

5. 国际政局动荡、局部战争等因素影响黄金价格

人们常说"盛世古玩，乱世黄金"，这也就是说当政局稳定、经济环境良好时，古玩等投资就会不断地升值；当局势动荡、经济衰败，货币严重贬值时，黄金就会因为其保值功能而受到投资者追捧，其价格也会明显上升。

战争和政局震荡时期，国际经济受到严重限制，政府通常会为了维持国内经济的平稳而支付大量的费用，这时，黄金的重要性就明显显示出来了。

2011年，当卡扎菲政权与北约支持的反对派政权对峙时，黄金价格涨幅不是非常明显，但是当反对派逐渐控制局面，卡扎菲政权逐渐瓦解时，黄金价格由战争前的1307.8美元/盎司上涨到1575美元/盎司，涨幅高达20.43%。这仅仅经历了不过4个月的时间。

6. 石油价格影响黄金的价格

在国际交易市场上，石油交易是非常重要的大宗商品交易。原油价格的上涨就会推动通货膨胀，作为通货膨胀的克星，黄金自然随着石油价格的上涨而上涨了。一般来说，原油价格小幅度的增长对于黄金市场的影响不大，但是当石油价格大幅度波动时，就会影响各国的通货膨胀和黄金生产，从而影响黄金市场走势。但是并不是石油价格下跌，黄金价格就一定也会下跌，毕竟石油价格对通货膨胀的影响力是有限的。所以，投资者应该进行全面的分析，避免陷入被动投资。

比如，2016年6月英国公投脱离欧盟，金融市场受到了巨大影响，石油价格和黄金价格巨幅波动。不过，石油、黄金这二者的表现却截然相反，石油价格跌幅超过了5%；黄金价格却大幅走高，涨幅超过了5%。

7. 世界金融危机直接影响了黄金价格

其实，金融危机的影响和通货膨胀的影响非常类似。当世界性金融危机爆发时，经济出现了大萧条的情况，所有产品都会大幅度下跌，人们为了保住自己的财产会纷纷到银行挤兑，可能出现银行破产或倒闭的情况。这样一来，黄金就成为一种重要的储备保值工具，当人们纷纷选择储备黄金时，金价会出现上涨趋势。

专家点拨

在通货膨胀和金融危机面前，黄金是一种规避风险的重要工具，它可以发挥保值性的功能，让投资者少遭受一些损失。但是这并不意味着黄金就永远不会贬值，进行黄金投资就一定稳赚不赔。如果黄金价格发生大幅度波动，而投资者又没有掌握好时机，没有规避风险的意识，就可能遭受损失。所以，投资者应该弄清导致黄金价格变动的原因，瞅准黄金选购的时机，赚取更多的财富。

黄金产品品种多，较短量长仔细选

黄金产品从交易方式上可以分为纸黄金和实物黄金交易；按照时间可以分为即时柜面交易和期货交易。实物黄金又可以分为标金、饰金和金币。金币还可以细分为纯金币和纪念金币等。那么，投资者究竟应该选择哪一种产品呢？

财 富 故 事

石红想要进行黄金投资，看到各家金店生意异常兴旺，于是萌生了购买黄金首饰的想法。因为她觉得品牌金店的信誉较好，且具有保值增值功能。但是同事的一番话却让她茅塞顿开，同事认为消费类品牌饰品黄金价格普遍要比上交所牌价高 10 元~30 元，有些品牌黄金还需要上交加工费，并且饰品类黄金回购时，价格也比较低。如果投资是为了获利，那么不应该选择黄金饰品，因为它获利空间非常小。标金和纯金币才是最好的选择。

生 财 有 道

即便年轻人想要购买黄金饰品也应该注意其保值作用，最好选择成色高的饰品，因为黄金成色越高其保值作用越大。如果年轻人想要发挥其保值作用，通常不应该低于 14K，而最具有保值功能的是 24K 黄金首饰。

其实，市场上的投资产品并不是只有黄金首饰，银行和黄金销售公司的金条也比品牌饰品价格便宜。此外，还有金币、纸黄金、黄金期货和黄金股票等。既然投资黄金的目的是获利，当然应该选择获利空间大的产品了。

下面我们就来具体地比较一下不同黄金产品的优势，以及分析一下它们适合哪些投资者。

1. 实物黄金

实物黄金投资包括了金条、金币和金饰等交易，以持有黄金作为投资有一个特点，那就是只有国际黄金价格上升时才能获利。实物黄金投资是投资保值特性最强的方式，如果你想要长期投资，或是想要收藏，这就是最好的选择。

（1）金条。目前投资者对于金条比较热衷，2010 年~2013 年期间黄金价格持续上升，出现了投资者纷纷购买金条的现象。实物金条还可以分为投资型的实物金条和工艺品式的金条。投资型金条在同一时间报出的买入价和卖出价差额越小，投资者所花费的成本就越低，所以它是投资实物黄金的最好选择。市场上还有一些其他黄金产品，比如我国每年都会发行贺岁金条，其价格连续六年上涨，也受到了很多投资者的欢迎。不过这种产品受到原料金价的影响，如果原料金价涨幅比产品大的话，投资者的收益可能会受到影响。

（2）金币。金币也具有一定的升值空间和潜力，但它却没有引起投资者的太大关注。投资者在购买金币时，应该考虑金币是哪个银行发行和铸造的、发行量是多少、制作工艺如何等问题。一般来说，产金国或者中央银行铸造的金币成色比较高，更具有投资价值；发行量比较少的，并且为特别事件定做的金币具有较高的收藏价值，比如奥运金币；金币本身铸工越精细，设计图案越精美，收藏价值就越高；另外还要注意购买的金币是否可以回收，如果不能回收的话，就可能完全砸在手里。

（3）金饰。投资者最容易买到的实物黄金就是首饰类的黄金，对于追求时髦的年轻人来说，购买黄金首饰也是不错的选择。这样既可以获得黄金饰品的使用功能，还可以在一定程度上保持其保值功能。尤其是项链、戒指等含金量高的饰品，可以变现也可以用作抵押品。

2. 纸黄金

纸黄金就是黄金的纸上交易，投资者只需开设"黄金存折账户"，其买卖的记录体现在账户上，并不涉及实物金的提取。这种投资方式比较方便，省去了黄金的运输、保管、检验和鉴定等步骤，交易成本比实物交易要低，投资者可以通过低买高卖的方式来获取差价利润。

国内中行、工行及建行等银行都有纸黄金的业务。因为纸黄金的投资风险比较低，交易成本也比实物黄金低，所以比较适合普通的个人投资者和刚刚入门的投资者。不过投资者在购买纸黄金时，应该考虑影响其价格的因素，尤其是美元的走势。

3. 黄金期货

黄金期货又叫作定金交易，是指按照一定成交价，以国际黄金市场未来某时点的黄金价格作为交易标的的期合约。投资者通过进场到出场两个时间的金价差异来赚取利润，这也就是我们平时所说的"炒金"。期货交易的特征是，可以做多做空双向交易，这样即便金价下跌，投资者也可以赚钱。

黄金期货的投资风险比较大，投资者应该谨慎。因为黄金价格昂贵，如果以国内现货金价200元/克估算，每手合约至少需要缴纳1.4万元保证金。如果按照黄金期货保证金率提高到20%来计算，合约到期时每手的保证金将上涨到4万元。也就是说，做一手黄金需要5万元资金。另外黄金价格波动较大，一旦金价下跌，投资者将遭受非常大的损失。

4. 黄金期权

期权是指投资者在未来一定时期可以买卖的权力，投资者向卖方支付一定数额的权利金，然后在未来某一特定时间以事先规定好的价格向卖方购买或出售一定数量的特定标的物的权力。黄金期权就是投资者买卖黄金的权利，在我国目前很多银行都推出了黄金期权交易。与期货一样，黄金期权也有杠杆作用，即便是金价下跌，投资者也可以赚钱。一般来说，该业务只能在银行柜台进行交易，期权期限有1周、2周、1个月、3个月和6个月之分，每份黄金期权最少交易量为10盎司。

黄金期权和黄金期货一样，属于高风险理财产品，如果投资者没有专业理财知识的话，最好不要贸然进行投资。不过，期权的风险是可以锁定的，如果投资者看对了黄金价格的走势就可以获利；一旦判断出现失误也可以选择不执行，这样的话就只是损失一些期权费而已。

除此之外，投资者还可以将纸黄金投资和期权投资结合起来，这样就可以避免更大的损失。如果纸黄金价格持续下跌的话，投资者就可能被套牢，这时，投资者就可以投资一笔看跌的期权，将纸黄金投资损失弥补过来，还可能会盈利。

5. 现货黄金

目前，我国还存在着现货黄金的交易方式，时间和价格与国际金价市场接轨。投资者可以根据黄金价格的涨跌来进行买卖，不过需要支付万分之七的手续费才可以提取黄金实物。

除此之外，还有黄金基金、黄金股票等投资方式。

专家点拨

不管是投资纸黄金、实物黄金，还是黄金期货或期权，投资者最终是否能够盈利，还要取决于国际金价的走势，所以，投资者应该关注国际金价的风向标，以及美元走势。另外，目前投资黄金具有较高的风险，尤其是黄金期货或期权投资，非专业投资者或是投资经验不足的新手一定要慎重入市。

黄金投资有技巧，菜鸟也能看得懂

俗话说"藏金于民"，很多投资者将黄金产品看成了投资的最佳选择，包括金条、金币及黄金饰品等。这是因为实物黄金在通胀剧烈或是发生危机时，发挥着天然货币的作用，另外，一些金币还具有纪念性意义，具有收藏价值和意义。

财富故事

已过不惑之年的徐明和妻子同在山东智昀生物工程有限公司工作，孩子在读大学，家里积蓄10万元。在看了电视上的理财节目之后，徐明也想投资黄金，于是向理财专家请教。

专家听了徐明介绍的情况，建议他做组合投资，这样的话比较稳妥。具体方案：以目前纸黄金单价160元/克为准，可使用9.8万元购入625克的纸黄金，同时用2000元做一笔价格是155元/克的看跌期权，行权期是一个月。

假设一个月以后，黄金价格到达了165元/克，徐明抛出纸黄金后，获利3060元。届时，他购买的看跌期权，只有行情低于155元/克才能获利，如果执行肯定蒙受损失，所以他必须选择不执行，损失2000元的期权费。这样，他本月的获利为：3060-2000=1060元。

假设一个月之后，黄金的价格出现下跌，并一下跌到155元/克，此时，徐明的纸黄金全部被套，亏损3060元。但同时，看跌期权获利，可以执行，假设期权费是1%，其盈利为6250元，6250-2000-3060=1190元，如此一来整体还能盈利。

若行情下跌到150元/克，纸黄金投资亏损6120元，看跌期权就必须执行，看跌期权还是那2000元钱，但可获利12500元，实际获利：12500-2000-6120=4380元。

通过专家的讲解，徐明彻底明白了黄金投资组合到底是怎么回事，无论是金价上涨，还是降低，组合投资能有效抵御风险，稳稳获得收益。

生财有道

很多年轻投资者像徐明一样，对黄金投资跃跃欲试，却不知道如何进行投资，也不知道该如何选择适合自己的产品。现在，我们就来介绍一些投资黄金的技巧，希望对那些想要投资黄金的菜鸟有所帮助。

1. 根据个人实际情况选择黄金产品

对于菜鸟投资者来说，安全性是最重要的。因此，在众多产品中，菜鸟应该选择纸黄金、金币及金条等适合普通投资者且具有保值功能的产品。期货、期权等产品虽然收益较高，但是风险性也非常高，需要专业的理财知识，所以菜鸟投资者应慎重选择。

2. 选择好时机，判断金价是否有上升空间

国际金价走势是影响黄金投资收益的重要因素，投资者应该抓好

投资的时机。一般来说，年底之前，金价一定有上涨的空间，因为每年年底消费者会纷纷购买金饰、金条等产品，用来送礼或是个人佩戴；同时，印度是亚洲黄金市场最大的消费国，每年8月中旬到11月都有多个宗教节日，需要的黄金也大幅上涨，这都刺激了人们对金饰的需求。还有西方的感恩节、圣诞节与情人节等节日都是黄金需求的旺季，因此，黄金价格必定有所上涨。

3. 有效地进行投资组合，最大限度地分散风险

股票、期货等投资属于信用性投资产品，其价值是信用所赋予的，具有贬值或灭失的风险。但是黄金却正好相反，价值是天然的，在通货膨胀和灾难面前是一种重要的避难工具，投资者可以在投资股票和期货时，再加入一些黄金投资，这样就可以最大限度地分散风险，有效地规避资产的损失。投资者可以将纸黄金和实物黄金、黄金期权等产品有效地组合，来分散投资风险，获得更多的收益。

4. 黄金投资属于慢热型，切忌快进快出

一般投资者在投资股票与基金时，常常通过低买高卖、快进快出的方式来获得收益，但是黄金投资却不适合频繁地买进卖出，因为黄金交易需要支付一定的加工费和手续费，如果频繁买卖黄金就提高了交易的成本。比如银行在回购实物黄金时，每克会收取15元～20元不等的手续费；期权交易时也需要缴纳高额的期权费。所以，投资黄金最好是考虑中长期的投资，只要当前黄金处于一个上升的周期内，投资者就应该稳健地持有。

5. 黄金投资比例不宜过高，合理地配置个人投资比例

在个人投资过程中，投资者可以将黄金投资和股票、期货等投资有效地进行组合，最大限度地分散风险。但是黄金投资比例不宜过高，因为黄金不能做短期投资，且需要资金比较多，收益回报率比较低，如果投资比例过高的话就会影响其短期收益。一般来说，家庭投资黄金的比例不能超过家庭资产的20%，只有在国际金价大幅上涨的情况下才可以适当地提高比例。

6. 炒金有风险，该割肉就割肉

投资黄金有一定的风险，投资者不能盲目地买进卖出，更不能因为贪图收益而忽略了止盈。有些投资者心中存在贪念，总想着黄金价格再涨一些，获得更多的收益。可是市场变化无常，在持续上涨时很可能会突然反转走势，让投资者猝不及防。所以投资者在频频获利时，一定不能大意和贪心。当然，黄金价格持续下跌的时候也是如此，当损失超过你的承受极限时，就应该果断割肉，否则就可能被套牢。

7. 平均投资，定期定投

对于工薪家庭来说，可使用资金比较少，而黄金投资需要的资金比较多，这样的家庭可以选择定期定投的方式进行投资。简单来说，就是每个季度或是每半年定期投资一定数量的实物黄金，或是普通金币，或是投资型金条，等等，这样一来，家庭不仅可以积攒下不少财富，还可以在关键时期抵御物价上涨。

8. 选择容易回购的黄金产品

以前，很多银行的实物黄金卖出之后，没有回购业务，投资者想要变现的话，就要折价卖给黄金加工企业，这无疑增加了投资者投资的成本。

目前，很多银行为了满足客户投资黄金产品的需求，相继推出了实物黄金回购业务。但是各家银行的回购条件不同，有些银行只回购本行销售的实物黄金和投资性金条，而对于一些纪念金条、金钱系列等不负责回购。有些银行的回购范围则比较大，可以回购所有银行品牌的黄金产品、其他商业银行、黄金企业发行的投资类黄金产品，以及首饰类、摆件类等足金产品。

投资者在选择产品时，要选择容易回收的产品，这样一来在需要变现时就不会遇到麻烦和损失了。

专 家 点 拨

> 别看黄金身份尊贵，可它一样会大起大落。黄金投资和黄金储藏是两回事，盲目进入一样会被深度套牢。因此，投资者在防范市场风险的同时，还是要掌握投资的技巧，以把风险的程度降到最低。

控制好风险，规避黄金大道上的陷阱

同其他投资产品一样，黄金投资也是有风险的。市场上的黄金投资品种日趋增多，不仅有金条、金币等实物黄金，还有黄金存折、黄金账户等纸黄金业务。投资者面对金市这样一个迅速发展并成为热点的理财市场时，必须要有一定的风险意识，这一点至关重要。

财 富 故 事

秦洁是上海裕耕生物科技有限公司的普通员工，老公是上海杉美化妆品有限公司的销售部经理，两个人每个月的收入都不少，又没有别的什么负担，所以手头经常会有很多闲散资金，秦洁的老公平时工作忙没有时间去投资理财，于是就把投资理财的事情交给了秦洁。秦洁平时闲着没事的时候，也会拿出一点钱去投资股票或基金，赚不了多少也亏不了多少。

半年前秦洁在一次公益活动上认识了张美芬，张美芬是天津一家私企的市场部经理，平时喜欢投资黄金。一年前她认识了某黄金交易公司做黄金期货交易的胡某，后来就经常去胡某的公司听一些关于黄金期货交易方面的专家讲座，不过并没有贸然投资。她认识秦洁后就拉着秦洁一起去听胡某公司的专家讲座，秦洁觉得反正没有事就和她一起去了。

一开始秦洁并没有把黄金投资这件事放在心上，只是抱着增长知识的心态去听的，可是听了几场所谓的专家讲座之后，她就被所谓的"专家"所描述的美好投资前景和巨大的收益给吸引了，没过多久就往胡某公司的指定账户里打了 3 万元的保证金，随后就跟着这家公司的交易员做起了黄金期货交易。结果在做境外黄金期货交易的第一周就赚了将近 5 万块钱，秦洁非常高兴，她根本就没有想到第一次交易就能挣这么多钱。于是她决定趁热打铁，再接再厉，在没有和老公商量的情况下就又投入了 30 万元去做黄金期货交易。然而当她开始独立操作的时候，却发现交易并不像自己想象中那么简单，不仅很难判断准确行情波动，还多次遇到了交易系统障碍，最后亏损了将近 25 万元。

秦洁非常后悔，觉得其中有猫腻，于是她就专门找了一位专业的咨询师进行咨询，结果咨询师说她被骗了，掉进了地下黄金期货交易的陷阱。

生 财 有 道

那么，投资者应该如何将黄金投资风险降到最低呢？

1. 树立良好的投资心态，理性分析黄金行情

投资需要一个良好的心态，不能存在侥幸心理和贪婪心理。如果投资者看到黄金行情持续上涨就兴奋，期盼着黄金价格涨到更高的水平，就可能失去最好的获利时机；如果投资者看到黄金价格持续下跌就慌张不已，失去了正常的判断和分析能力，就会遭受更大的损失。

正如巴菲特所说的："控制风险的最好办法是深入思考，而不是投资组合。""真正的风险来自你不知道自己在做什么。"黄金行情每时每刻都在变化，投资者只有保持心态的平和，才能客观地分析和判断行情走势，才能理性地交易，或是将亏损转变为获利。

2. 投资风险具有可预见性，投资者应该进行客观的分析

投资风险是普遍存在的，并不受投资者的主观控制，但却是可以

预见的。只要投资者仔细分析影响黄金价格波动的因素，就可以预见黄金价格的行情走势。

黄金市场价格是由黄金现货供求关系、美元汇率、国际政局与通货膨胀压力，以及各国央行黄金储备增减等因素决定的，所以，投资者应该对这些因素进行详细有效的分析，掌握国际黄金价格的变动规律，减少投资失误的机会和可能性。

3. 选择适合自己的黄金产品，减低风险性

投资风险具有相对性，也就是说不同的投资产品其投资风险也有所不同。比如投资黄金现货的风险和投资期货的风险是截然不同的，投资金条、金币等现货的风险相对小很多，但是投资期货、期权等风险就大很多。普通投资者可以选择风险性比较小的现货，而专业性强或是经验丰富的投资者就可以选择风险较大、收益较大的期货与期权等产品。

4. 规避投资纸黄金的风险，应随时紧盯黄金市场行情走势

纸黄金投资的门槛比较低，有些银行推出的纸黄金最低10克就可以进行投资，按照目前的黄金价格进行计算，投资成本不到2500元。上海黄金交易所的账面实物黄金的投资最低是100克，需要的资金是25000元。纸黄金投资比较方便，只需要在各商业银行开通贵金属交易账户就可以了。所以，纸黄金比较适合黄金投资的新手。另外，纸黄金的走势变化较大，投资者需要随时紧盯着市场走势，选择合适的时机买进卖出。

5. 投资黄金期货，投资者及时止损很重要

黄金期货买卖本质上就是炒作，炒作的方式就是看市场人气，看投资者的多少。比如2015年黄金价格大涨，黄金市场波动幅度加大，所以投资者也越来越多。但是与外汇市场和股票市场相比，黄金是小盘股，被炒爆的可能性更大，投资者需要谨慎从事，以规避风险。

面对黄金市场波动较大的情况，及时止损是最好的选择。因为它存在着爆仓的可能性，所以投资者必须理性投资，控制好仓位；期货

可以做多也可以做空，所以投资者应该时刻关注行情走势，选择好方向。

6. 进行多元化投资，采用套期保值进行对冲

投资者应该进行多元化投资，将不同的产品进行有效的组合，以分散整体风险水平。在进行投资组合时，投资者可以购买和卖出与现货市场交易方向相反、数量相等的黄金期货、期权。当一种产品亏损的时候，另一种产品也会实现盈利，这样一来就可以减少投资的损失，规避投资风险了。

在黄金投资市场上，风险是不可避免的。投资者应该具有风险管理意识，合理有效地调配资金，将损失降到最低限度，将风险最小化，这样才能获得更多的赢利机会。

专 家 点 拨

与其他投资产品一样，黄金投资也存在着很大风险，随着国际金价起伏不断，黄金市场也存在着波动。投资者在面对金市这个迅速发展并成为热点的理财市场的时候，应该树立强烈的风险意识，以更好地控制和把握投资风险。

第十章

学习房产投资，"黄土"也能变黄金

曾经，中国许多人的身价从万元，到百万元，到千万元，轻松实现三级跳。他们靠什么取得这种飞跃？答案就是房地产。投资房地产，能定期带来可观的收入，实现人们的财富增长。过去，多少是无心插柳柳成荫；今后，则必须武装起来，学房地产规律，学房地产投资原理，学影响房地产的天时地利。然后，把这些知识应用于实践，取得投资的成功。

掌握房产投资技巧，为自己创造更多财富

　　房产不仅可以用来居住，还可以作为一种家庭财产保值增值的有效投资方式。如果你有一定的闲置资金，投资房产是一个非常不错的选择。随着城市化进程的加快，房地产行业越来越热火朝天，人们对于房产的刚性需求也越来越高。所以对于一个聪明的投资者来说，与其他投资理财工具相比，房产是积累财富的最好途径之一。

理 财 故 事

　　目前国内百亿身价的超级富翁，90%都是依靠着房产投资来创造和积累财富的。李嘉诚是香港名副其实的地产大王，是长江实业集团、和记黄埔集团主席。他依靠生产塑胶花起家，积累了一定的财富之后开始投资房产。1958 年在港岛北角建起了第一幢工业大厦，正式介入地产市场，最终成为享誉世界的"地产界巨子"。

　　超级巨富郑裕彤是著名的珠宝商人，他是依靠黄金珠宝起家的，不过他认为想要创造财富，就不能离开房地产投资。他说："凡是与民生有密切关系的生意都有可为，女人喜爱珠宝，举世皆然。人们都需要有房住，年轻人成家后喜欢自辟小天地，对楼宇便有大量需求，做这些生意不会错到哪里。"

生 财 有 道

　　虽然平常人这一辈子都不可能成为李嘉诚那样的房产大亨，但是房产投资让许许多多的人着迷。可以这样说，投资者只要掌握了投资的技巧和策略就可以为自己创造更多的财富。

　　现在我们就仔细盘点一些房产投资的奥秘，讲讲怎样进行房产的投资。

1. 房产投资的优势

房产投资总是让无数人着迷，那么它具有哪些优势呢？

（1）用别人的钱来赚钱。房地产投资一个最显著特点就是：可以用别人的钱来赚钱。目前，几乎所有人在购买房屋时，不论是自己居住还是用来投资都会向银行等金融机构贷款。即便是李嘉诚那样的房产巨子也是如此，人们称这种行为是投资房地产的"债务杠杆"。利用"债务杠杆"进行投资，可以减少个人的资金投资，将手中的资金用来投资其他项目，或是扩大投资的规模，有助于获得更大的收益。另外，与其他投资方式相比，银行更愿意将钱借给投资房产的人，因为房产投资更安全和可靠。

（2）房产投资具有很大的增值潜力。随着经济的发展和城市化进程的加快，大量有效的土地被占据，其价值也越来越被抬高。而随着城市人口的不断增加，每天需要购房的年轻人也越来越多，这导致对房产资源的需求量也逐年上涨，并给房产带来了较大的升值增值潜力。

（3）房产投资周期长、获利空间大、盈利时间长。房产投资是一种长期投资，其投资价值在短期内可能很难凸显出来。随着城市房产需求的不断增加，房产投资的周期越长，获利空间就越大，盈利时间就越长。比如一套房子的寿命在 100 年左右，最短也有 60 年以上，如果你向银行贷款 20 年，那么不仅获得了房产的产权，还可以赢得至少40 年的获利空间。

（4）房产可以有效地规避通货膨胀。一般来说，在经济环境良好时，房产的价格就会有所上涨，投资者可以从中获利。当发生通货膨胀时，它能够有效地抵消通货膨胀带来的负面影响。因为通货膨胀发生时，房产和其他有形资产的建设成本就会有所上涨，房产价格上涨的幅度比一般商品更大，在纸币不断贬值的情况下，投资房产就成为抵御通货膨胀，增值保值的有效手段。

（5）房产不仅可以用于交易，还可以通过出租方式为房主带来收益。目前，很多投资房产的人，都会通过出租房屋的方式来获得收益。

不过，这种方式必须要考虑房屋的社区环境、配套设施、交通便利、人文环境等因素，只有条件好的房屋才能租出较高的价格。

2. 投资房产应注意的问题

房产投资虽然可以给投资者带来更大的收益，但是投入成本高、获得收益的时间长，所以投资者千万不要盲目地买房卖房，必须要充分了解市场。

（1）住宅投资以长线投资为佳。从投资角度来说，随着城市化进程的推进，大城市的近郊住宅的基础价格比较低，升值空间相对更大，更具有投资价值。随着后期入住的居民越来越多，周边配套逐渐增多，商业价值就会逐渐体现出来。

（2）商铺和办公楼投资，地理位置最重要。一般来说，档次越高、地理位置越好的商铺和写字楼价格就越高，所以投资者应该选择市中心区、繁荣的商贸区，这样才能获得最高的收益。同时，写字楼投资还应该考虑该区域的人才、技术、商贸和人文等综合因素，以及基础配套设施、现有行业动态等。

（3）房产投资要注意利率的变化。在投资房产时，大多数投资者都会向银行贷款，所以应该重视银行贷款利率的变化。一般来说，公积金的贷款利率是最低的，对于工薪族来说最好使用公积金贷款。

（4）从销售量来观测房价的变化。不管是现房还是期房，其价格都受到销售量的影响。在一定时间内，如果一个楼盘的销售量不到30%，那么，开发商就会降低房价来刺激消费；如果该楼盘已经卖出70%，表明需求比较旺盛，价格就会上涨。所以，投资者应该综合分析楼盘的升值潜力，只要认为该房产具有升值空间，就应该早早地进行投资，以获得更大收益。

（5）关注投资价值，选择高端楼盘。要做房产投资就不得不注意其升值潜力，即便是自己居住的房子也应该关注其升值潜力。一般来说，高档楼盘的升值空间较好，抗跌性比较强；低档楼盘的升值空间较差，甚至还会出现贬值的情况。所以投资者应该了解自己所投资房产的优势，选择升值空间较大的房子。

专 家 点 拨

房产投资不是盲目地买房卖房，投资者必须要充分了解市场，这样才能有效地防止自己的房产投资变成一块"鸡肋"。投资者只有综合地分析影响房子价格的因素，便可以获得较好的收益。

了解不同房产特点，选择合适的投资项目

合理地投资房产是获得财富的关键，而有了房子，投资者等于有了最安全的财富。不过，很多人会问：是不是只有投资住宅才能赚钱？

答案当然是否定的。其实房地产投资的内容非常丰富，不只包括住宅投资一种，还包括了土地投资、商业房产及工业用地投资等。投资者没有必要做到面面俱到，但是应该了解不同类型房产的特点，然后选择适合自己的投资项目。

理 财 故 事

洪韵是一位普通的公司白领，收入在 1 万元左右，这在一线城市并不算高。不过她平时养成了储蓄的好习惯，几年下来也存下了几万元钱。后来她结婚了，丈夫的工资是洪韵的两倍多，除了平时的生活用度，他们两人存下了一笔闲钱，于是，他们决定投资房产。

他们购买了一大一小两套房子，小房子自己居住，大房子则用来出租。不过经过精打细算，洪韵发现将房子分割一下再租单间可以获得更多的租金。毕竟大房子距离一高档写字楼只有几站地，现在很多年轻人又都喜欢居住在交通便利且属于自己的小空间内。

洪韵重新规划了房子格局，划分为四个大小不等的小单间，并且

每个小单间都设计独特，既温馨又具有时代感，还提供了电视、洗衣机、空调等设施，很适合年轻白领的需求。果然，她很快就把房子租出去了，由于布局设计都很独特时尚，家用设备也齐全，价格也高出很多。

就这样，10 年之后，其租金已经偿还了小房子的贷款。于是他们将小房子进行了抵押，又购买了一套临街的小商铺，此外手头还多出了一笔流动资金。正是因为洪韵合理地进行房产投资，所以他们的生活变得越来越好。

生 财 有 道

适用于投资的房地产主要有哪些类型呢？它们又具有哪些特点呢？

1. 住宅房产的投资

住宅房产投资是最普遍的投资方式，一般适合初入房地产投资领域的年轻人。前面我们已经详细介绍过，住宅房产投资可以用来出租也可以用来买卖，以便获得更多的收益。

2. 商用房产投资

商业房产投资的价值主要受到物业的地段、商业区域繁荣程度、物业面积的大小、所在地区的交通状况、顾客的类型与流量和经营项目的类别等因素的影响。所以，投资者在进行投资时，一定要考察其是否具有升值空间、升值空间的大小等问题。

一般来说，一些新建的小区都建有沿街的商铺，大型的商场也建有众多商场店铺。这些商铺的面积不大，通常在 30～50 平方米，比较适合普通的个人投资者，不管是出租还是自己经营，投资者都可以获得良好的收益。

3. 综合商住楼、办公楼投资

商住两用楼和办公楼越来越受到投资者的青睐，尤其是综合商住楼，因为价格便宜、产权年限比较长，更是销售火爆。

目前，很多开发商受市场需求和利益影响，建造的写字楼大多为商住两用楼盘，或是把住宅改为写字楼再出售，投资者可以用住宅的价格来进行写字楼的投资，获得更大的收益。

不过商住两用楼也具有一些缺陷，比如开发商缺乏实力、后期运营管理没有做好、写字楼内的公司鱼龙混杂导致退租率逐渐增高等，最终都会影响投资者的收益。所以投资者在购买商住两用楼时应有风险意识，避免那些不必要的损失。

4. 工业用地投资

工业用地投资也是房地产投资的重要项目之一，不过由于普通投资者资金有限，一般很少会涉及这方面的投资。它受到了交通运输状况、能源状况、工业用水和供排水系统状况等因素的影响，投资者应该关注影响工业区房地产投资价值的主要因素。

专 家 点 拨

投资者想要在房产投资方面获得更大的收益，就必须了解哪种房产才是最好的投资对象。不同的投资项目其风险不同，收益也有所不同，投资者只有不断地扩大投资范围和调整投资组合，才能更好地规避投资风险，扩大投资收益。

选择有潜力的商铺，长期投资获取高利

买房投资除了住宅之外，还可以考虑投资商铺。一个地理位置好的商铺，不仅不会折旧，还会越来越值钱，因为时间越长，其周边的商业环境就越成熟，人流量就越稳定。投资商铺的收益高，而且无须复杂的装修，能省下一大笔投资成本；同时只要商铺具有商业价值，就会有租户上门。所以一直以来，投资专家都认为商铺是长期投资的最好选择。"一铺富三代"，这句话一直被投资者奉为金科玉律。

理 财 故 事

周菲在北京一家外企工作，收入不菲，工作没几年，就有了一笔不小的存款，她本想拿来做投资，可一直没找到合适的投资项目。

有一天，周菲的闺中好友找到她，说在南三环附近看上了一家靠近地铁的商铺，想和周菲合伙买下来，并准备拿来开一个小服饰店。

慎重起见，周菲首先对那家商铺的周边环境做了非常具体的考察，发现这里的商机的确很好，有很大的升值空间，将来的人流量会非常大，而且周围有很多的新楼盘在建筑中，于是周菲果断地和好友买下了一个店铺。

接下来就是考虑做什么方面的投资，周菲考虑到如果像好友说的那样投资到服饰品当中，两人都没有这方面的经验，而且对于进货渠道，如何吸引顾客等营销手段又不是很在行，而且两人现在都有工作，开张后还要投入人力物力，这样的话就很不合算。在客观地分析了这些后，周菲说服了好友，两人最后决定还是把商铺转租出去。

随后，两人打听了该地区商铺的租金等各种情况，又贴出了转租的广告，很快就与一商家谈妥。一年后，承租者把生意做得非常红火，而周菲也得到了非常可观的租金收益。

生 财 有 道

投资商铺并不是盲目的，投资者怎么才能从众多商铺中选择更有潜力的商铺呢？

1. 地段好才能带来人气和财气

要知道，地段是投资房产的最关键因素，地段好的商铺可以给投资者带来很高的人气和财气。与投资商业住宅相比，商铺一般都是长期投资，一些目前地段不太好、位置不理想的区域并不见得不适合投资，重点是看它是否具有发展前景。

通常来说，一条道路和一座桥的打通就可以盘活一条商业街；一个商业广场或是大卖场的建立也可以拉动人气；原本无人问津的商铺，如果所在区域未来规划兴建学校和市场，人气就会逐步扩大。所以投资者应该了解城市发展规划以及商铺的发展前景。

2. 避免"居改非"的情况，以免引起产权纠纷

目前，市场上很多商铺都是由原来的住宅通过"居改非"变更过来的，不仅改变了土地的用途，还增加了商铺经营的功能。不过根据相关规定，投资这样的商铺必须经过相关部门的批准、重新签订土地使用权出让合同。如果投资者因为没有调查清楚，购买了"居改非"的商铺，将来很可能引起产权纠纷。

3. 人流是决定一个商铺是否升值的关键

我们经常会看到这样的情形，同一区域的商铺虽然相距不过几十米，但是有的商铺门庭若市，有的商铺则门可罗雀。因为人流是决定一个商铺是否是旺铺的关键因素。

投资者在选择商铺时，一定要实地考察商铺区域的人流方向和每天不同时段人流的变化情况。一般来说，有红绿灯的路口、物业转角处和临街面较大的商铺其人流量就较大，升值的空间也较大。

4. 优先选择自己熟悉的地方

投资者在购买商铺时，一定要详细地进行市场调查，了解整个区域的详细信息，最好选择自己比较熟悉的地方。这样一来，可以更全面地了解商圈、人流和开发商等具体情况，投资也更有保障。

5. 避免短期投资，10 年以上的长期投资最为理想

商铺投资是一种长期投资，如果投资者抱着短期获利的目的，最好就不要选择这种投资方式。通常来说，商铺如果能在 12 年～15 年内回本，就是比较理想的投资，否则很难实现赢利的目的。

6. 商铺的面积不要过大

对于投资来说，商铺面积并不是越大越好。如果商铺的面积太大的话，投资的资金会很高，且很难租出去。一般来说，投资者应该选择面积在 50～100 平方米的商铺，如果是繁华闹市地段的商铺，还可

以再减少单个门面的面积。

7. 选择信誉好的商业地产开发商

与居民住宅相比，商业地产开发对于开发商的资金储备能力和抗风险能力要求更高。投资者一定要考察开发商实力，选择信誉良好、有成功投资项目的开发商，这样才能保证投资的安全。

另外，投资者还应该注重开发商的招商及管理的思路、发展前景规划等要素，因为商铺是否具有升值空间，很大程度取决于商业地产后续经营环节。如果开发商没有更好的招商理念和良好的后期经营，投资者就很难获得稳定的长期收益。

8. 挑选成熟商业圈

目前，所有商场都向着"大而全"的方向发展，涵盖了吃、喝、玩、乐、购等多方面功能，这样才能吸引更多的消费者，让消费者不出商场就一次性痛快消费。所以，投资者应该选择具有一定规模的商业圈进行投资，这样不仅人流量有保障，还可以做到面面俱到。

9. 风险评估做到心中有数

投资者在投资之前必须先做一个收益风险评估，计算出投资的成本投入、回报率、租金、将来会遇到的风险等。只有做到心中有数，才能规避商铺定位不明确、缺乏统一管理以及长期租不出去的风险。另外，投资者必须保证年投资回报率为 4% ~ 8%，否则很难获得更好的收益。

专家点拨

与其他投资不同，商铺具有两种增值手段：一是转租。一般而言，投资小型商铺的租金收益，绝对高于把钱存入银行的利息。二是自营。如果所选择经营的商业服务，例如餐饮、洗衣、便利零售、美容美发、音像销售等，符合本物业及周边物业住户的需求，那么拥有稳定的客源和较高的收入是不成问题的。

掌握好房产升值因素，才能拥有"钱"景

最近几年，全国各地的房价都在疯狂涨价，远远超过了 GDP 和个人收入的增长速度。同时疯涨的房价也让很多人一跃成为百万富翁，甚至是千万富翁。虽然说，房价都在上涨，但各地房价的涨幅却并不相同，同一个城市不同地段房价的涨幅也是相差很大的。对于购房者来说，不管是买来居住，还是作为投资，都应该购买升值潜力大的房子。道理人人都懂，可是，我们怎样去判断自己买的房产的升值潜力呢？

理财故事

邹先生是一名以炒房为生的职业炒房者，他总是喜欢挑选最有价值的楼盘投资，从 2001 年开始，他先后在深圳、上海、北京等地投资了 15 套房产。到 2005 年的时候，靠着这些房产他赚下了 2000 万元的家产，很多人都羡慕他的好运，可是谁都不知道他炒房的关键。朋友也非常好奇，可是邹先生却从来只是说"根据房产升值的决定性因素来选房"。

生财有道

对于许多购房者来说，买房的动机无非两种，一种是自住，一种是投资。无论是出于什么原因买房，人们都希望自己的房子能增值。

那么，到底什么样的房子升值空间更大呢？哪些因素决定房子能增值呢？

1. 第一是地段，第二是地段，第三还是地段

房地产业内有一句话叫"第一是地段，第二是地段，第三还是地段"，可见对于投资房产来说，地段是十分重要的。根据调查显示，80％的购房者在选房时都会把地段作为最优先考虑的因素，

地段好就意味着交通便利、位置优越、配套齐备、活跃的商业氛围等等。

那么，哪些地段的房产具有较高升值空间呢？

（1）逐渐成形的成片小区。一般来说，投资者喜欢选择逐渐成形的成片小区，这样的小区周边配套设施比较健全，所以具有较高的升值空间。随着小区内和周边生活配套设施，比如商场、饭店、宾馆、医院和学校等逐渐增多，住宅和商铺的价格会逐步升高。

（2）教育资源聚集的区域。现代社会竞争激烈，每个家庭都非常重视孩子的教育，不惜花重金购买"学区房"。一般来说，重点小学和重点中学附近的学区房都非常火爆，具有非常大的升值空间。

（3）银行网点储蓄存款快速增加的地段具有升值潜力。除了上述因素之外，银行网点储蓄存款增长幅度的大小，也能说明这个地段是否优越，是否具有升值空间。如果某一地段的银行网点存款连续几年都有较大幅度增长，说明该地段高收入家庭比较集中，住宅布局比较合理，具有较大的升值潜力。

2. 交通便利、地铁沿线的房子有升值潜力

居民生活离不开衣、食、住、行，交通便利也是拉动房产价格上扬的关键。其实，决定地段好坏的最活跃的因素就是交通状况是否便利，一条马路或是城市地铁的修建，可以立即使不好的地段变成好的地段，相应地，房产价格自然也会直线上升。所以投资者不仅要看房产的现有地段，还要考虑未来的城市规划方案、基本建设进展等，寻找具有升值空间的房产。

3. 房子品质的好坏决定了房子的升值空间

随着社会的发展，人们越来越追求生活的品质，在购买房产时也特别注意房产的品质。一般来说，那些设计观念超前、具有时代感和迎合物业发展趋势的房产更受到投资者的欢迎，更具有升值空间。

除此之外，房产的内部空间布局、室内空间、采光、通风和功能

分隔等因素也非常重要。

4. 商圈也是决定房价的关键因素

一般来说，房产所处的商圈的成长性决定了房价的增长潜力，商圈主要由以下几个部分组成。

（1）就业中心区。商业办公区或经济开发区能够吸收大量的就业人口，而就业人口是周边住宅的最大需求市场。越是高端的商业办公区，其周边住宅的定位就越高；越是成长性好的商业办公区，其周边住宅开发在市场上就越有活力。

（2）有统一规划的、成规模的住宅区。如果在离就业中心区几公里远的地带已经形成或将集中形成一个有规模的、统一规划的成片住宅区，且就业中心区与住宅区之间交通线路比较发达，那么，这样的商业中心就十分具有升值潜力。

（3）在住宅区中，有商场、大卖场等设施。如果在住宅区附近有商场、大卖场等设施，形成就业中心区、住宅区和大卖场三者良好的互动关系，就会促进住宅区的进一步开发，逐渐形成更大的规模。

5. 生态环境和人文环境能够使房产升值

现代人对于生态环境和人文环境的要求比较高，如果小区内有大量的绿地或园林，其生态环境会越来越好，有利于住户的身心健康，同时房产也会不断升值；如果小区住户的文化层级比较高，房产也就具有增值的潜力。

6. 开发商的口碑是关系房产升值的重要因素

一些口碑好的开发商，通常比较重视房产的品质和人文氛围，从整体布局到细微之处都精益求精，力求住户能居住舒适；口碑不好的开发商就根本无法注意到这些问题，而是将所有的目光放在圈钱上。

所以，投资者在选房产时一定要考虑开发商的信誉、资质和口碑等问题。

专家点拨

　　自住购房时，考虑最多的是价格是否合适、居住是否合适等问题，而投资购房时，就像投资股票一样，考虑最多的是房产的升值问题，包括房屋价格和租金的上升。一般来说，投资股票，没有实力坐庄，你就难以把握自己的命运，任人摆布的时候居多，但是投资房产，即使你只是一个中小投资者，也不影响获利。当然你得掌握并运用好房产升值的有利因素。

量力而行选房贷，轻轻松松做"房奴"

　　如果自己手里有一大笔钱，就可以一次性付款、一次性购房了，也就没有还贷的后顾之忧了。如果没有那么多钱，那就只能在还贷的方式上想办法了。我们可以根据自己的实际情况来灵活地调整自己的还贷方式，这样，就能避免让自己沦为"房奴"了。

财富故事

　　小王和小张是一对新婚夫妇，在双方家长的帮助下贷款买下了新房，美好的生活开始了。可是对于工薪阶层的他们来说，还贷无疑成为一个重大的负担。小王曾经无奈地说："我们的新房只付了30%的首付，还有60多万的贷款要还，每个月都要还3000多元钱。这对于我们来说，真是不小的负担。"

　　确实如此，小王和小张喜欢旅行，以前只要休息日就到处旅游，或者看电影，享受自由自在的生活。可是自从贷款买房之后，他们再也不敢肆意地花钱了，生活也没有以前惬意了。

生财有道

　　现在选择贷款买房的人越来越多，不管是对于个人，还是对于家庭来说，贷款买房都是一笔较大的投资。所以，很多年轻人像小王和小张一样，无奈地做着"房奴"。为了确保稳定还贷，他们害怕降薪、失业，也不敢随意跳槽，降低了生活的品质和水准。

所以，如何让贷款房产不成为个人生活和事业的负担，如何申贷还贷更经济、更合理，如何选择贷款年限、贷款金额以及还贷方式，这都成为至关重要的问题。

1. 综合评估自己的购房能力和还款能力

目前，几乎所有的房产商都要求支付不低于所购房价30%的首期付款，购房者应该评估自己是否具有这样的能力。另外，还要评估自己每月偿还住房贷款的能力，看每月家庭收入以及变现的金融资产，是否大于每月所需偿还的贷款本息。只有满足这两个条件，购房者的还贷压力才不至于影响家庭生活。购房者应该尽量提高首付金额，这样就可以减少还款利息，减小还款的压力。

2. 根据个人的能力选择合适的房贷

目前，购房者可以选择三种贷款形式，即个人住房公积金贷款、个人住房商业性贷款和个人住房装修贷款。对于工薪阶层来说，公积金贷款的利率最优惠，如果购房者有公积金的话，要尽量选择这种还款方式。

3. 根据个人的能力选择适合的还款期限

一般来说，贷款年限越长，每月供款就越少，不过，所需要还的贷款利息就越多。目前，绝大部分银行的贷款年限都在20年以下，因为贷款条件中有一条不成文的规定，就是贷款者的年龄加上所申请的贷款年限不能超过60岁。

4. 选准银行，获得优惠政策

目前房地产市场冷热不均，很多银行为了争夺贷款客户都推出了一系列的优惠措施。购房者可以根据自身的需求来选择相对优惠的银行和房贷产品，以减轻还贷压力。

5. 灵活地选择还贷方式

目前，银行的还贷方式主要有两种，一种是等额本息还款，一种是等额本金还款。前者最大的特点就是每月供款金额一样，包括本金和利息，但是本金和利息的所占比例不一样，其中利息的部分是根据当月的供款余额计算出来的。这样一来，随着时间的推移，本金所占的比重越来越大，如果购房者有一笔较大的提前还款，银行就会根据余额对月供款进行重新计算。后者每月的供款本金的比重是一样的，利息也是按照当月供款余额计算，只是月供款额不同。随着时间的推移，月供款额会逐渐减少。比如：小马贷款 30 万元，期限为 20 年，如果采用等额本息的还款方式，月均还款大约是 2297 元，共需还款约55 万元，利息是 25 万元；如果选择等额本金的还款方式，首月还款额约为 2960 元，共需还款约为 50 万元，利息是 20 万元。我们可以根据个人的情况选择还款方式，或是缩短贷款年限，以减少利息。

6. 考虑利率的问题，及早办理贷款，获得较低的贷款利率

国家每年都会调整贷款利率，如果购房者预期存贷款利率会有所上调，就应该提早办理贷款，减少不必要的利率支出。

另外，一些"房奴"为了减轻还贷压力，会采用将房屋租出去的方式，用租金补贴每月还贷。不论如何，"边住房边还贷"的方式确实给年轻人带来了很大的压力，购房者只有明确个人的实际情况，选择适合自己的还款方式和期限才可以减轻压力，让生活变得更轻松。

专 家 点 拨

用未来的钱提前享受，这正是目前收入稳定且有一定资金实力人士的首选。住在一幢漂亮的房子里，有一辆时尚的轿车，心情不知要舒坦多少。尽管每个月的还款是一笔不小的数目，给自己增加了一定的经济压力，但通常只要不超过总收入的 20% ~ 30%，并且算准了其他的开支，那么照样能把每个月的生活过得有声有色。

轻松购买二手房，投资胜过存银行

目前，自住用房和房产投资已经成为社会广泛关注的焦点，随着房价居高不下，越来越多的人将目光投放在二手房上。但是二手房交易中有许多潜在的风险，了解二手房交易中的相关知识，不仅能增加二手房买卖的"保险系数"，规避交易风险，减少交易纠纷，同时还可以省心、省时、省力。

财富故事

2006年，雷淑贞大学毕业后留在A市工作，最初她与朋友们一起租房生活，省吃俭用地攒下了一笔钱，再加上父母的资助便购买了一套单身公寓。后来她与丈夫认识，两人提前还清了小公寓的贷款，此时，这套房屋已经上升了30万元。

之后他们便商议究竟是用这间小公寓换一套两室一厅的大房，还是另买房进行投资。经过商议之后，丈夫说："目前我们家庭收入稳定，而且目前两三年内不准备生孩子，我们可以先进行投资，等到孩子出生之后再考虑换大房子。"雷淑贞非常愉悦地同意了这一建议。

他们在小公寓临近小区看中了一套三年前建成的二手房，社区环境比较好、交通便利，且房屋的品质和未来增长趋势也很好。即便将来房价没有大幅度上扬，自己居住也是很好的选择。

几年后，雷淑贞的孩子到了升幼儿园的年纪，这时那套二手房的价格已经上涨了20%。于是他们卖掉了小公寓和二手房，为一家人购买了一套环境优美、有良好教育资源的花园洋房。

生财有道

与新建小区相比，二手房的周边设施、交通情况等条件更完备，所以二手房交易也越来越火爆。那么，投资者在购买二手房时应该注意哪些问题呢？

1. 考察房屋产权是否明晰

购房者在购买二手房时，首先要看房屋产权是否明晰。不管房产的地段多么好、环境多么优美、价格多么低廉，如果没有弄明白房屋的产权问题，都不应该急着做决定。

（1）搞清楚房屋是大产权还是小产权。我们知道，小产权的房屋是未经过国家任何相关部门和环节的审批，建设在租用土地或非法侵占的土地上的房屋。购买小产权房在交易上有很多限制，不利于投资者的资金回收。同时，因为小产权房没有房产证，还将面临被拆除的风险，并且一旦拆迁，业主也无法得到拆迁安置补偿。此外购买小产权房还很难获得银行和贷款机构的抵押贷款。

（2）分清房屋的户主是谁。目前房屋的所有人可以是多人，或是夫妻共有，或是父子共有，或是继承人共有，等等。如果投资者想要购买这样的房子，就必须和全部共有人签订房屋买卖合同。如果部分共有人在其他人不知情或是不同意的情况下擅自处理共有财产，其买卖合同一般是无效的。

（3）弄清楚房屋有无债务纠纷。投资者在购买二手房时，一定要弄清楚该房产是否已经被抵押或是否有债务纠纷。投资者必须要求房主提供银行按揭合同、保险合同、抵押贷款合同、租约及贷款额、还款期限、已还贷额和租金金额等详细资料，避免以后出现经济纠纷。

2. 使用权并不等于产权

使用权房就是我们平时所说的公房，房屋的产权属于国家或集体，使用权人可以在一定的范围内通过一定的方式转让或交换房屋使用权。不过在一般情况下，使用权房是不能交易的。

对于购买二手房作为投资的买家来讲，使用权房因为投资资金低、租金收益丰厚等优势具有很大的诱惑力。目前，虽然市场上确是有一些交易使用权房的投机行为，但是其行为却是违法的，投资者千万不要为这些优惠政策所诱惑。

3. 调查清楚买卖房屋是否在租

目前我国房屋交易有一项不成文的规定"买卖不破租赁"，也就是说房屋买卖合同不能对抗先成立的租赁合同。很多二手房在转让时都忽略了这一点，在房屋还在租赁期时就急着卖出。如果投资者只注重房产证和过户手续，而忽略了是否存在租赁关系，就会给自己带来不必要的麻烦。

4. 选择信誉好的中介

数据显示，目前我国80%的二手房交易都是经过中介成交的。所以选择信誉好、资质优良的中介对于投资二手房也十分重要。投资者寻找中介来交易的最主要目的就是寻找信得过的第三方来维护双方的利益，而一旦遇到了信誉不好的中介，将会遭到很大的损失。所以投资者应该考察中介公司是否有明确的公司名称、长期经营的地址，是否具有交易房产的资质，是否有良好的信誉，是否有合法的房地产经纪人等。

5. 房龄应该是投资者主要考虑的问题

一样的房子，房龄不同，价格自然也就有所不同。那么，二手房交易，房龄多少才算合适呢？二手房的房龄虽然只是一个参考条件，但是它也决定了你投资的房产是否具有较高的升值空间。一般来说，3年～5年的房屋，无论在户型设计，还是园林设计上都没有太大的变化；如果超过了5年的话，尤其是10年以上的房子设计就会让人感觉落伍。所以，投资者最好避免房龄10年以上的旧房子，它不仅很难卖上好价钱，在获得贷款方面也有一定的劣势。

6. 投资者应该考虑市政规划的情况

作为投资者应该了解房屋的市政规划情况，主要包括短期内是否面临拆迁、房屋附近是否要建高层住宅等情况。有些房主可能已经了解到该房屋在5年～10年内面临拆迁，或是因为房屋附近要建高层住宅，可能影响采光、价格等，这才急于出售，所以投资者一定要通晓其中的利害关系。

7. 做好实地调查，明确房屋的具体情况

投资者在购买二手房时，一定要做好实地考察，明确房屋的具体情况，并且在合同中写清房屋的具体情况，包括地址、面积和楼层等。如果发现实际面积与产权证上注明的面积不相符，就应该在合同中注明；同样，在合同中还要注明房屋中具体包括哪些设施，比如房屋的装修、家具、煤气，以及维修基金是否另外计费，只有这样才能保证自己的权益。

8. 谨防中介一房多卖

个别中介为了收取更高的中介费，通常会采用一房多卖的方式，谁出的中介费用最高就与谁成交。因为投资者与中介签订的协议本身没有实质性的法律依据，投资者的权益并没有保障。所以，投资者应该详细地了解房屋的具体情况，谨防一房多卖的情况出现。

专家点拨

房产投资是比较稳健的投资项目，二手房投资更是稳健投资中的首选对象。不过，并非投资二手房都是稳赚不赔的，投资者应该注意以上关键问题，避免自己投资的房产贬值。

用别人的钱来供楼，以房养房坐享收益

房产市场从来都是一个充满了机遇和挑战的地方，投资者不仅要有敏锐的投资眼光，掌握投资技巧，更要懂得如何好好地经营，这样才能获得更多的收益。很多年轻投资者选择以房养房的投资方式，这样不仅可以改善个人的居住条件，还可以积累更多的财富。

财富故事

陶松柏已到而立之年，最近忙得不亦乐乎，和相处两年的女朋友将要结婚，并且已经购买了属于自己的房子。年纪轻轻就购买了自己的房子，这让很多同事和同学羡慕不已。

其实，这是陶松柏的第二套房子，他从大学刚刚毕业就开始投资房产，贷款购买了一套小公寓。由于这套小公寓临近商务中心，所以租金非常高，于是他便将房子租了出去，自己则住在公司的宿舍中。这样一来，他便可以用高额的租金来支付房贷了。

几年后，陶松柏升职为部门经理，工资待遇提升了很多，于是便又购买了一套大房子作为自己的婚房。由于小公寓的租金比较高，陶松柏足以支付两套房的贷款本息。

其实，陶松柏这种投资方式就是典型的以房养房，这也是现在年轻人比较喜欢的投资方式。

生财有道

1. 以房养房主要有三种形式

（1）出租旧房，用所得租金支付银行贷款来购置新房。如果投资者想要购买大面积的房产，收入又不足以支付银行贷款本息，就可以出租自己所拥有的房屋。

（2）投资购房，出租还贷。投资者购买一套自住房之后，再买一套价格高、升值潜力大、地理位置好的大房子来出租，用每个月稳定的租金来偿还两套房子的贷款本息。这样不仅缓解了日常还款的压力，还可以获得两套房产，逐渐积累个人财富。

（3）旧房抵押给银行，再购买新房产。一些投资者已经购买了一套住房，但是由于距离工作地点较远，或对房屋结构不满意，便想要购买一套新房产。这时投资者就可以抵押原本的旧房子，用银行的抵押商业贷款来购买新房，这样不用花自己的钱就可以实现个人置业投资的目的。

2. "以房养房"应注意的问题

目前，"以房养房"已经成为众多投资者轻松买房的一条捷径。不过，人们似乎只看到了这种投资方式的优势，却忽视了其中的风险。殊不知，一旦出现了问题，购房者就将遭受严重的损失。所以，投资者在"以房养房"时一定要有风险意识，注意以下几个问题。

（1）"以租养房"需要考虑费用支出和租约断档等问题。"以租养房"并不是简单地将房子租出去，便坐等着收房租。投资者应该算好其中的账目，自己除了每月支付银行贷款本息之外，还要支付固定的物业管理费。另外，新房出租还有一定的"滞留期"，中间会有一段时间房子是空置的。即便是已经出租的房子也可能会中途断档，所以，投资者应该考虑如何度过这样的风险期。

（2）"以房养房"面临房地产商空置房抛售和压价出租的风险。目前，市场上商品房的空置率比较高，房地产商手里通常会有很多空置房，这无疑给投资者增加了投资风险。当某楼盘短时间卖不出去时，房地产商就会在市场上抛售和压价出租，他们会一边将房子抵押给银行，一边将房子低价出租，这样一来小投资者所承受的风险就更大了。所以，投资者在投资前一定要谨慎小心，考察好楼盘的具体行情和出售情况，避免因盲目投资而遭受损失。

（3）初涉楼市应该量力而行。投资者在进行投资时一定要量力而行，充分考虑个人的资产状况、还贷能力以及房租的租金等问题。如果投资者经济实力较弱，而房租不足以支付银行本息，就会增加投资者的经济负担。尤其是工薪阶层，一旦工作出现了问题，就可能发生财务危机。

（4）贷款利率调整，还款额就会增加。央行每隔一段时间就会调整贷款和存款利率，如果贷款利率增加的话，投资者需要支付的贷款额度就会有所增加，这样其经济压力就会加大。所以投资者应该随时关注贷款利率的变化，避免让个人家庭财产入不敷出。

专家点拨

　　既然是投资就会有风险，"以房养房"也不例外。投资者在投资房产时一定要全面评估投资回报率，在打算"以房养房"之前，应该对周边租金行情有充分的了解，更要考察承租人是否有稳定的经济来源等因素。只要投资者掌握其中的技巧，就可以一步步地积累更多的财富。

第十一章

盛世藏古董，"过时"的物品更值钱

在和平年代，收藏艺术品是一种有益于身心并极富前景的投资方式。精美的收藏品可以为拥有者带来美好的享受，使生活更加充实和更富情趣。而且，收藏还是一种保值增值的理财方式。只要眼光独到，就有可能获得丰厚的回报。

持续升温收藏热，爱好、赚钱两不误

多年来，收藏一直受到人们的关注，不过以前人们收藏可能是为了艺术追求或是兴趣爱好，而如今收藏已经成为一种重要的投资方式。收藏投资不仅可以满足个人的爱好，更可以利用升值来赚钱，真是爱好、赚钱两不误。

财富故事

随着中国影响力的增强，世界上掀起了一股中国热，海外一些人士对中国画特别是当代名师的画很有兴趣。于是，爱好收藏的丁青松参加了一些美术活动，对中国画的价值有了些初步的了解。2004 年底他结婚时，便买了一幅美院教授的大幅山水画，当时只花了 180 元，到 2018 年深圳拍卖价已涨到 48000 元。不久前，他在一个旧书摊上发现了一部道光年间由著名学者王引之校勘过的 40 本一套的善本《康熙字典)，他只花了 800 元便买了下来。现在已有人愿出高于此价好几倍的价格购买此书，但被他谢绝了。

另外，丁青松还收藏了周桂珍的紫砂壶、汉陶俑等等。这些都是他平时注意观察、筛选，在价格很便宜时收购的。现在，这些东西的市场价已翻了十几倍、几十倍！如周桂珍的紫砂壶，买回来时有人说：你跑那么远买这些玩意干什么？还是当代人做的，没有什么收藏价值。丁青松听了并不在意，也没有匆匆忙忙处理掉，而是好好地保存下来。到 2015 年 4 月份，就有消息说，这些紫砂壶已达数万元一把。

生财有道

现在投资收藏的人越来越多，但是并不是所有人都可以获得成功。有人投资的收藏品持续升值，让其获得巨大的收益；有人投资的收藏品却是毫无升值价值，在内行人看来只是一屋子的破烂儿。

现在的收藏门类也千奇百怪，无所不有，过去以花瓶、玉器、字画、珠宝等为主的收藏已经不能概括如今的收藏种类。大到汽车，小到纽扣，民间收藏的内容越来越丰富。如今的收藏不再局限于"老、旧、古"了，藏品也越来越新奇，物品只要能代表某个有重大意义的事件就有收藏价值，就有人收藏。例如，"神舟六号"成功着陆后，一系列有关"神六"的邮票和纪念币、海报纷纷出台，很多人就不惜为之一掷千金，就是因为它在中国历史甚至世界历史上都会永远留下自己的一页，跟它有关的东西便也相应具有了很高的价值。

那么，面对眼花缭乱的物品，投资者应该如何找到最具价值的收藏品呢？

1. 投资收藏应注意的问题

（1）藏品必须具有一定的市场，且富有升值潜力。

（2）投资者要了解藏品的真正价值和特性。以下因素决定着藏品的价值：存世量，存世量越少的物品价值就越高；年代因素，年代越久远的物品价值就越高；艺术性，艺术性越高的物品价值就越高；品相因素，品相越好的物品价值就越高。

（3）投资者要有足够的经济投资条件，才能涉足收藏品投资。

（4）投资者要了解国家法律法规，尤其是买卖珍贵古董时，千万不要涉及文物走私。

2. 值得收藏的物品特点

（1）真品。收藏品有真品，也有代笔、临摹、仿制以及故意伪造的赝品，只有真品才具有投资价值。制作再精良的赝品也没有投资价值，收藏品的真伪是值得投资与否的最主要判断标准。

（2）精品。收藏品精美还是粗俗，这是决定其是否有较高的艺术价值的关键，也是投资者选择投资的关键。有些艺术家创作虽多，但是称得上精品的作品却不多。同时我国各朝代审美观不同，所遗物品风格也有所不同，比如汉代的粗犷豪放、宋代的清新隽雅、清代的繁花似锦。投资者只有选择精品才能获得更多盈利空间。

（3）大作。大作是指艺术家投入精力多、影响大的作品，由于艺术家一生精力有限，所以每个艺术家的大作都有限。一般来说，大作的价值比普通作品更高，也更具有收藏价值。比如齐白石，他是我国近现代绘画大师，擅画花鸟、虫鱼、山水与人物，其中鱼虾虫蟹尤为妙趣横生。《墨虾》是其一生中的大作，价值连城。

（4）完整性。字画、古玩等艺术品具有不可再生性，且保存比较困难，容易受到损伤，所以保存越完好的藏品其价值就越高。比如青花瓷具有较高投资价值，即便口沿稍有脱釉，也会造成价格大幅度下跌。

专 家 点 拨

> 收藏是指将富有保留价值的物品收集起来并加以保存。进行收藏投资的前提是收藏品必须具有升值价值，比如古董、钱币与字画等，如果所收藏的物品没有升值空间，投资就没有任何意义了。

收藏市场风险大，注意规避和控制

随着国际拍卖市场上一些艺术品频频拍出不菲的价格，如数千万元的字画、上亿元的古董、数百万的家具等，收藏市场变得越来越火爆，更多的投资者想参与进来分一杯羹。但是进行收藏投资并真正赚到钱并不是那么轻松容易的事，因为收藏需要专业的收藏鉴别知识，且需要极大的资金投入。

财 富 故 事

张铭是酷爱收藏古董花瓶的收藏爱好者，每天都想着淘到精品，获得更大的升值空间。近年来，明清官窑瓷器的精品动辄拍出数千万的惊人价格，这让张铭蠢蠢欲动。他知道景德镇是明清时期专门为皇家烧制瓷器的官窑，所烧制的瓷器品质精良、价格不菲。于是他便想方设法淘这一时期的瓷器。后来他花大价钱购买了一只景德镇精美花瓶，以为自己肯定可以赚到一大笔钱。可是经过专家的鉴定，张铭才发现自己购买的花瓶虽然出自明清时期的景德镇，但是由于存世量比较大，且制作比较粗糙，收藏价值并不高。

生 财 有 道

投资者如何规避投资风险呢？

1. "漏儿"永远有，但不要执着于捡漏儿

收藏品圈子有个名词叫作捡漏儿，所谓漏儿就是某件艺术品价格严重背离实际价值，却没有被人发现。如果投资者能够捡漏儿，就可以赚取更大的收益。但是并不是所有的投资者都能识别漏儿，有很多人故意弄虚作假，利用所谓的漏儿欺骗外行人。投资者如果执着于捡漏，却没有识别漏儿的能力，就可能面临更大的风险。

2. 注意收藏品的品相好坏，以规避品相风险

收藏品的品相好坏直接决定了其价值的高低，品相好的收藏品比较值钱，而品相差的收藏品价格就差些。所以投资者一定要注意收藏品的品相好坏，以规避品相风险。

3. 不要盲目跟风，更不要做短期投资

收藏品不适合短期投资，需要耐心地等待藏品升值。长期投资可以尽可能地降低市场热点转移和价格波动带来的风险。另外，长期投资收藏品还不能盲目跟风，不能看到别人投资什么就投资什么。

4. 妥善保管藏品，规避保管风险

由于受到气候和人为因素的影响，各种收藏品都会面临保管风险，一旦藏品受到损坏就会使价值大幅下降。尤其是邮票、纸币、字画等，容易折损虫蛀，易被各种化学品腐蚀；瓷器等藏品容易破碎、脱釉，也要注意保管。

5. 增强鉴别能力，规避赝品、劣品的风险

无论是拍卖市场还是收藏市场，赝品和劣品比比皆是，如果投资者没有较强的鉴别能力，就可能掉入陷阱之中。所以，投资者应该谨慎小心，不要买入自己看不准的藏品，购买前最好是请信得过的专家进行鉴别。

6. 要有超前意识，选择有潜力的藏品

具有超前意识是投资者成功投资的关键。目前投资者征集精品越来越难，投资者应该将目光投在有潜力的中青年艺术家和发展空间较大的作品上，随着时间的积累，其作品也会逐步升值。不过，投资者需要对未来市场有准确把握且有超前的眼光和意识才能降低风险。

7. 收藏品流通性差，投资者应该规避买卖风险

收藏品流通性很差，不容易成交，或成交价不高。投资者如果急着用钱想要抛售自己的收藏品，就必须低价卖出，会遭受很大的损失。尤其是收藏市场行情低迷时，会造成藏品积压，所以，投资者应该懂得如何规避买卖风险。

8. 懂得收藏禁忌，不要买入忌讳的物品

在收藏界有很多忌讳，比如魂瓶、明器、痰盂与夜壶等器物，不论制作多么精美，都很难有升值空间。因为这些物品被认为是不吉利的、晦气的物品，一旦买入就很难脱手。

专 家 点 拨

收藏市场具有很大的风险，收藏者稍有不慎，手中的藏品就变得一文不值。所以，投资者想要加入收藏行列，就一定要了解收藏行业的风险，有效地进行规避和控制。

瓷器收藏门道多，古、稀、美、俏是关键

瓷器凝聚着中华艺术的精华，以其精美艺术感深受众多收藏者的追捧和青睐。令人爱不释手的瓷器真品往往是可遇而不可求的，收藏者必须善于把握时机，不仅要关注其增值空间，更要关注其艺术价值。

瓷器的价值主要体现在历史文化价值、稀罕程度与工艺水平等方面。一些高古瓷器虽然有数千年历史，但是因为保存质量较差、制作粗劣和缺乏艺术价值，导致其价值远远低于后世的一些精致稀有的珍品。

虽然人人都知道瓷器收藏能够给投资者增添文化气息，还能给人们带来增值效应，不过面对数不胜数的古今瓷器物件，很少有人具有识别珍稀物品的火眼金睛。

财富故事

据一本杂志中讲，某著名演员酷爱瓷器收藏，家中摆了百余件瓷器，其中不乏珍品。和许多步入收藏行列的人一样，该演员也是从青花瓷入手的，他的第一件藏品是在潘家园古玩城淘到的康熙青花盘——"渔家乐"。不过功力深厚的他也有"打眼"的时候。有一次，该演员在逛古玩店的时候被一个永乐青花压手杯吸引住了，这个杯子全世界只有3个，市场价值5000万元以上，店主家里有事急于脱手，开价5000元，他软磨硬泡只花了800元就买回了家。本以为捡了大便宜，结果回到家仔细一看才发现是假货，不过幸好损失不是太大。

生财有道

通常来说，瓷器的艺术价值决定了其价格的高低，不同年代、不同艺术价值的瓷器，其价格也相差甚远。

那么，投资者如何鉴别瓷器的艺术价值呢？归纳起来四个字：

"古、稀、美、俏"。

所谓"古"是指瓷器有一定的年代。一般来说，年代越久的古旧瓷器，其价值就越高。而就年代久远的瓷器来说，各个朝代官窑瓷器的价值较高，尤其是"御窑"和名气特别响的器件价格最高。比如我国宋代的瓷器非常具有收藏价值，当时的钧窑、汝窑、官窑、定窑和哥窑被称作宋代五大名窑。这些窑口出品的瓷器都是宫廷御用瓷，即便在当时都十分罕见珍贵，具有极高的艺术和收藏价值。除了官窑之外，各种带有堂名款的瓷器、工艺精湛的民窑瓷器的价值也较高。

瓷器的胎体、釉质、烧结和纹饰是判断瓷器价值高低的重要依据。一般来说，彩色釉、低温单色釉的价值比青花的要高很多；官窑的灯、瓶、炉等杂件瓷器的价值比一般碗、盆、碟等常用器件的要高得多；纹饰精美、精工细作的瓷器的价值要比平常物件的要高很多。

所谓"稀"是指瓷器的存量十分稀少，有的甚至凤毛麟角。物以稀为贵，越是存世量少的瓷器，其价值就越高。一些年代久远的瓷器，如果存世量较多的话也没有太大价值。比如北宋晚期传世至今的御用汝瓷极为稀少，总数不超过百件，并且大部分保存在故宫博物院、上海博物馆等博物馆中。所以收藏界有这样的说法："纵有家产万贯，不如汝瓷一件。"

所谓"美"是指瓷器具有很高的观赏价值。瓷器是中华民族的瑰宝，是土与火融合淬炼出的精美绝伦的艺术品。精美的造型、华美的雕饰、细致丰富的纹路以及所描绘出的湖光山色、云霞雾霭和变化无穷的图形色彩，使得中国瓷器美轮美奂、韵味奇妙。越是精美的瓷器，越是具有艺术神韵的瓷器，就越受到投资者的青睐。比如明代青花和清代彩釉瓷器都是以精美而闻名。2011 年，一件永乐年间的青花如意垂肩折枝花果纹梅瓶在艺术品拍卖市场上，拍出了 1.68 亿港元的高价。

所谓"俏"是指瓷器的市场需求大，销路极好。如果该瓷器市场需求量大、行情看涨，那么其价值和价格就会有所上升。比如几年前，清代官窑瓷器在拍卖会上的成交价仅为几千、近万元。后来随着市场需求量的不断增大，价格不断上扬，目前价格已经达到了几十万。一些艺术价值高的物品价格高达几百万元。

专 家 点 拨

> 随着收藏品市场越来越繁荣，明、清及以前的古旧瓷器件越来越少，其价值也越来越高。不过赝品也越来越多，投资者不能盲目地进行投资，只有练就专业的眼光和鉴赏能力，才能淘到精品。

小小古钱币，带来高收益

钱币作为法定货币，具有一般等价物的基本功能，然而作为一种艺术品和文物，一些具有艺术价值的钱币还具有收藏价值。尤其是古钱币，因为年代久远、存世量少，更拥有着极高的考古价值和收藏价值。

财 富 故 事

柳先生平时喜欢收藏各种古钱币，经常去一些古玩市场上淘货。一次，他在市场上无意发现了"明刀"。这可是战国时期燕国的货币，距今已有 2000 多年，可谓年代久远。柳先生很兴奋，觉得自己发现了宝贝。于是以 1000 元 3 枚的价格买回了家。他觉得自己捡到了宝贝，很开心地向朋友炫耀。碰巧朋友认识一个收藏方面的专家，柳先生就把自己淘到的这 3 枚硬币带给专家看，想看看自己赚了多少。让柳先生吃惊的是，专家给出的答案竟然是他被骗了。

柳先生不相信地说："我对古钱币也还是有些研究的，这的确是战国时期的货币啊！"专家笑着回答道："这的确是'明刀'，但它不值这个钱。一枚'明刀'不会超过100元的，你用1000元买了3枚，那不是被骗了吗？"

原来收藏古钱币并非是年代越久远就越值钱，而是取决于古钱币存世量的多寡。"物以稀为贵"这条原则尤其适用于古钱收藏。历史上有些朝代比较强盛，数十年甚至几百年发行单一品种的钱币，故这类古钱的数量十分巨大；而有些短命王朝刚试铸了一些样币即被改朝换代，这类古钱的数量自然就很少。

生 财 有 道

随着钱币市场行情一路攀升，钱币收藏爱好者如雨后春笋般出现，然而，面对众多历史悠久、种类繁杂的古今钱币，投资者应如何下手呢？哪些钱币具有收藏价值呢？

1. 钱币的发行时间和发行数量

一般来说，钱币发行时间越久远，流通时间越短，其收藏价值就越大；发行数量越少，其价值也越高。比如战国的刀币、秦代的外圆内方钱、唐代的通宝和清代的通宝，品种有数万至数十万种，所以收藏价值并不高。而齐、燕、赵的刀币，韩、魏、秦等布币年代久远，数量比较少，所以价格相对昂贵。还有唐代叛军史思明占领洛阳后铸造的"得壹元宝""顺天通宝"传世很少，其中"得壹元宝"尤其罕见，称得上是稀世珍品。新中国发行的第一套人民币，因为具有特殊纪念意义、年代久远、发行量少，也具有极高的收藏价值。八成新、品相好的全套人民币价格高达百万元，全套全新的价格则高达数百万元。

2. 钱币涉及的题材稀有

钱币涉及的题材多为历史人物、历史事件、文化艺术、体育、动物、植物和自然景物等。不同的收藏者所喜欢的题材也有所不同。一些涉及特殊历史时期、历史事件的钱币更是具有收藏价值。比如宋钦宗时期铸造的"靖康通宝""靖康元宝"，它记载着靖康之变那段历史，且铸量很少，所以极为罕见，属于国家一级文物。还有第二套人民币，发行时间比较长，却记载了新中国工农业生产恢复发展、三年大饥荒等重大事件，承载了当时人们的酸甜苦辣和国家复兴的历史，也具有较高的收藏价值。

3. 文化价值高的钱币更具有收藏潜力

钱币不仅是一般等价物，更具有文化艺术价值，钱币的制作工艺、钱币上的字迹也是考察其是否具有收藏价值的重要因素。制作工艺精美、字迹隽永、纹路清晰的钱币更具升值空间。比如北宋"元祐通宝"，篆文行草分别由当时的著名文学家、书法家司马光和苏东坡所书，收藏价值极高。那些古钱背文丰富多彩，有月纹、星纹等记号的，往往比较具有收藏价值。投资者可以从钱币身上得到美的享受、艺术的熏陶。

4. 钱币的成色和品相影响其价值

与其他艺术品一样，钱币成色和品相越好的，其收藏价值就越高。一般来说，只要钱币有七八成新，投资者就可以收藏。如果是珍稀品种，其成分和品相差一些也无妨，但是全新的钱币肯定比七八成新的价值高很多。用金、银、白铜等精制而成的宫廷钱币，其质量和成分都比较高，且铸量比较稀少，也是投资者喜欢收藏的对象。

5. 关注具有特殊号码的人民币

目前人民币也成了收藏界的宠儿，越来越多的收藏者开始关注人民币的收藏，而特殊号码币则成了钱币收藏爱好者追捧的对象。比如香港人喜欢带 777 号码的钱币，内地人喜欢带 888 号码的钱币。另外，按照一定的号码规律进行排列的系列钱币、出现错码的错版钱币等都具有收藏价值。

6. 银圆不仅具有收藏价值，还具有保值作用

银圆流通的时间短，非常容易保存，况且其本身是贵金属，所以具有很高的收藏价值。目前银圆的民间持有量比较多，不过随着国际市场的金银价格持续上升，其也具有升值潜力。比如浙江省造光绪元

宝、奉天癸卯光绪元宝一两、签字版的袁大头、中华民国纪念币小头银币等都具有较高收藏价值。

专家点拨

> 　　古今钱币种类极多，仅仅古钱币就有很多品种，所以投资者必须根据自己的财力和爱好，有选择地加以收藏，千万不要有投机心理。真正的收藏者最好做到少而精、成系列收藏，不仅要注重其增值性，更要注重其鉴赏性和对自己性情的陶冶作用，这才是收藏投资的关键。

邮票方寸之间，给你带来丰厚利润

　　邮票是一个时代的记忆，随着网络时代和手机的迅猛发展，邮票逐渐退出了历史的舞台。不过它还承载了几代人的美好记忆，它维系了亲人之间的想念、情人之间的爱恋。不仅如此，邮票还与一个国家的政治经济发展息息相关，因此也被称为"一个国家的名片"。所以，小小的一张邮票不仅代表着美好的记忆，更包含着非常大的学问。

财富故事

　　35 岁的时洪涛已经结婚 7 年了，也正是从结婚的那一年起，他开始集邮。在他眼里，每一枚邮票都是一件小型艺术品，票面上有周密的构思，生动的形态，美丽的图案，鲜明的色彩，还富有深刻的内涵，这无不满足了他对艺术品位的追求。另外，由于一些邮票可以增值，坚持长期收集，也相当于积攒了一笔可观的财富。

　　又是一个阳光明媚的下午，时洪涛拿到了一本新的邮册。他像看一本新书那样翻阅起来。他先从前至后大体浏览了一遍，然后细细品味自己喜欢的票面，如黄山奇景、泰山云海、武夷风光等；还有一些珍贵的古代画卷，如《昭陵六骏图》《洛神赋图》等，更是让他爱不释手，百看不厌。

时洪涛不但享受着邮票给他带来的精神财富，还拥有了邮票给他带来的物质财富。他在邮票上的投资收益不断地给他制造惊喜，2017年的年收益达到了他全年总收益的50%以上，他在邮市赚的钱比他爱人在股市上赚的还要多。

生 财 有 道

市场上邮票林林总总、种类繁多。一般来说，投资者可以按照以下方法来判断邮票是否具有收藏价值。

1. 新票价格最高，盖销票次之，信销票最低

新票就是新发行未使用过的邮票，价格最高。不过，对于时间较久远的邮票，中档以上的新票、信销票的价格高低取决于收集难度的大小。那些收集难度较大的高面值的成套信销邮票，其价格可能会高于新票。

2. 成套票价格比散票高

一般来说，成套邮票价格高于散票，但是一些具有特别纪念意义的散票也具有一定的市场价值。投资者可以先广泛收集和购买散票，然后再凑成成套邮票，以提高邮票的价值。

3. 多枚套票和大套票比单枚套票的价格高

多枚套票是2～6枚一套的邮票，大套票是指7枚以上一套的邮票。由于多枚套票和大套票收集难度较大、面值较高，所以升值空间比较大，远期增值比单枚套票要快得多。

4. 纪念票和特种票具有收藏价值

一些以人物或事件为标志的邮票包含着特别的含义，所以具有较大收藏价值。"J"字头纪念邮票设计精美、颜色鲜艳，且大部分使用金粉，所以价值比较高。特种邮票的价值要比纪念邮票高很多。比如市场上比较畅销的邮票有五号票"熊猫盼盼""J孙中山""奥运会"

等，这些邮票都有收藏价值和升值空间。还有 1964 年 8 月 5 日发行的"五朵金花"之一的特 6《牡丹》邮票，原画作者是著名花鸟画家田世光，非常具有艺术价值和收藏价值。另外，由于设计、印刷等错误造成的错票、变体票也比较珍贵，通常具有较大的升值空间。当然，邮票市场和其他投资市场一样，也具有很高的风险性。对于涉足邮票市场的普通投资者来说，只有掌握邮票投资的策略和技巧，才能规避风险并获得利润。

那么，投资者究竟应该如何投资邮票呢？

1. 不要有投机的心态

邮票是具有货币功能的特殊商品，其价值受到了题材、发行时间、发行量和存世量等因素的影响。投资者应该懂得鉴别其真实价值，不要有投机心态，否则就会遭遇巨大损失。

2. 投资邮票要量力而行

做任何投资都应该量力而行，根据个人的经济条件来进行投资，切忌为了收集珍贵邮票四处借债，让个人生活陷入困境。

3. 抓住重点，不要盲目收集

每套邮票的选题、设计、发行量和发行年代不同，其价值就会不同。投资者应该确定自己的收藏重点，不要盲目收集表现形式平平、发行量大且面值又高的邮票，同时还要避免选题重复。

4. 品相决定收藏价值，要注重邮票的品相

通常来说，一张珍贵的邮票，如果品相较好，今后的升值空间就有保证；如果邮票被严重污染或出现破损，即使再珍贵，价格也要大打折扣。

所以投资者一定要保管好邮票，避免发生玷污、折裂、缺齿、粘胶及霉点。投资者在选择收藏品种时，最好选择周期在 1 年以内的邮票，以免不确定性因素的变化带来投资风险。

5. 避免盲目从众的心理

很多投资者具有盲目从众的心理，在集邮热兴起时大量购进邮票，

不考虑个人投资需要，或是看到别人购买哪种题材的邮票就盲目购进。这样一来，投资者就会购买重复题材、不符合个人喜好的邮票，很可能就增加了投资的风险。

专家点拨

邮票是一种特殊的商品，时间越久，数量越少，价格也就越高。另外，邮票投资操作比较简单，且投资资金多少皆宜，所以受到了很多个人投资者的欢迎。集邮的范围也非常广泛，除了邮票之外，很多投资者还喜欢收集与邮票相关的邮戳、首日封、明信片、集邮文献和邮政用品等。

纪念币收藏潜力大，适合个人长期投资

纪念币就是国家为了纪念某个重大事件或重要历史人物而发行的具有纪念意义的钱币。这些纪念币不仅具有流通功能，还具有收藏和投资价值。近年来，纪念币收藏越来越受到投资者的关注，一些投资流通纪念币的投资者还获得了较为丰厚的利润。

财富故事

2020 年 5 月 20 日，2020 吉祥文化金银纪念币正式发售，当日，上百位天津市民一大早便在店面门前排起了长队，而苗婷就是其中的一位。她之所以看好纪念币的市场，很大程度上是因为其增值幅度远远跑在了真金白银之前。

2011 年 4 月份，苗婷花了 6000 多元买入了京剧脸谱金银币（第一组），而目前这套纪念币的价格已经涨到了 9000 多元。而且，不仅京剧脸谱金银纪念币大受市场青睐，与此同时一些其他题材的纪念币也非常受欢迎。她的好朋友 2009 年购买了几十枚银币，当时售价才

180 元一枚，可没想到的是一年不到就已经涨到了 320 元 ~ 330 元一枚了，涨幅已经超过了 80%。不难看出，现如今金银纪念币的购买已然达到了一个小高峰。

生财有道

一般来说，纪念币分为特殊纪念币和普通纪念币两种。特殊纪念币都是由金银制成，具有较高的价值，但是它不方便收藏，不适合普通收藏者投资；而流通纪念币则是普通纪念币里最好收藏的，它的发行数量、品种不是很多，面值普遍不高，非常适合普通收藏者。

流通纪念币被称为"平民投资和收藏"，收藏这种纪念币投入的成本比较低，收益相对较高，并且风险性也比较小。那么，投资者在收藏的过程中，应该注意哪些问题呢？

1. 买纪念币就是买题材

人们常说买纪念币就是买题材，具有重要纪念题材的钱币价值比较高，而那些不具有独特题材的纪念币，则很难具有升值空间。

比如 2015 年，我国发行的奥运纪念币、中国航天纪念币和世界反法西斯战争胜利 70 周年纪念币都具有升值空间，而每年农历新年发行的生肖纪念币，其收藏价值就相对比较低。

2. 物以稀为贵，收藏发行量少的钱币

收藏界亘古不变的真理就是物以稀为贵，发行量的多少决定着投资价值和升值空间。通常来说，纪念币的发行量与市场价格成反比，即量少价高，量多价低。

3. 坚持长期投资，才能获得稳定回报

流通纪念币的增值速度比较缓慢，价格有时还有些波动，不过，从总体趋势上来看，它是稳步攀升的。因此，投资者不能频繁地买卖，应该坚持长期投资，这样才能获得稳定的回报。

4. 不要追高买入，也不要购买涨幅过大的钱币

近年来，大多数纪念币一经发行就强势上涨，尤其是特殊题材的

纪念币更是一路攀升。这时投资者一定要保持冷静，不要在行情疯涨时买进；另外，在收藏投资热时发行的钱币实际存世量已远远超过了市场需求，升值潜力也大打折扣。

5. 注意币品品相

纪念币收藏和古币收藏、邮票收藏一样，越是品相好的，其价值就越高。

6. 懂得如何鉴定纪念币真伪

投资者应该懂得如何鉴定纪念币的真伪，以免买到假币造成严重损失。投资者应该从正规销售网点购买，不要在临时性场所购买；还要懂得考察钱币的喷砂效果、浮雕造型、式样、鉴定证书等防伪标识。

7. 要注重金银钱币收藏的系列化

通常来说，同一系列的金银币要比普通散币的价值要高，比如"生肖""中国古典文学名著"。投资者在收藏的过程中，要有计划地进行买卖，注重金银钱币收藏的系列化。

专家点拨

> 纪念币的收藏潜力比较大，且不需要投资太多的金钱和时间，保存起来也非常方便，适合个人投资者长期投资。投资者只要掌握其技巧，建立良好的心态就可以成功地保护好自己的小金库。

追求书画艺术享受，获得高额回报

书画是一门高雅的艺术，历来是文人雅士所钟爱的收藏，中国传统字画历史渊源、博大精深，追求的是"妙在似与不似之间"的感觉；而西方画作则注重再现和写实，色彩的空间变化，具有极强的立体形象感。不过艺术是无国界的，每个艺术家的作品都可以给人以美的感受。

随着人们生活水平和文化素养的提高，字画收藏也成为一种时尚。而名人字画不仅具有很大的艺术价值和升值空间，更可以让投资者细细品评，与另一个时代文人雅士产生思想的碰撞。

大师的书画就是艺术品市场的硬通货，从古至今都令收藏者和爱好者趋之若鹜。

财富故事

齐白石是我国现代著名画家、书法家，其绘画具有卓尔不群的风貌，书法则刚劲沉着。其字画一直以来都深受收藏者的追捧，2011 年 5 月 22 日，齐白石的《松柏高立图·篆书四言联》在嘉德春季拍卖行拍出了 4.255 亿元的惊人天价。之前，2009 年，其《可惜无声·花鸟工虫册》在北京保利拍卖行拍出 9520 万元的高价。

另外，近几年，法国著名印象派画家莫奈的名画也多次拍出高价，2010 年其名作《睡莲》在佳士得拍场出现，估价为 3000 万英镑。2014 年 5 月，中国买家就以约 2700 万美元拍下这幅名作，一个月后，《睡莲》再次以 3172 万英镑（当时约合 3.4 亿人民币）的价格拍出。

生财有道

名人书画与其他收藏不同，需要收藏者具有极高的鉴赏能力。同时艺术品市场价位极高，超出了普通收藏者的承受能力。不过，投资者应该懂得如何分辨书画的艺术性以及评估书画的价格，只有懂得如何鉴别其真伪、评估其价格，才能得到货真价实的真品。

一般来说，识别书画的价值必须注意以下几个重要因素。

1. 艺术水平决定了书画的价值

艺术水平越高的书画，其价值就越大；大师的名气越高，其作品的价值就越高。比如齐白石的艺术水平要比王雪涛高很多，其成熟时期的书画艺术水平极高，价值要比王雪涛的作品高数十倍甚至上百倍。不过王雪涛书画中的精品可能要比齐白石早期的艺术作品价格高。

2. 珍稀的书画其价值极高

存世越少的字画，其价值就越高。比如明末清初画家八大山人是国画的一代宗师，其花鸟以水墨写意为主，存世作品并不是太多，其中较为著名的是《水木清华图》《荷花水鸟图》等，这些作品的价值都极高。

3. 由于书画保存较难，品相越高的价值就越高

书画是很难保存的艺术品，容易受到损坏。同等艺术水平的书画作品，品相越好的价值就越高；如果书画上出现了残、缺、破、脏、掉色、涂改、挖补等状况，就会影响其价值。

从投资角度来说，书画投资具有很大的风险。目前市场上赝品、仿造品越来越多，而一些名人字画的价格也被炒得很高。那么，投资者应该掌握哪些投资技巧呢？

1. 不要超越自身能力，量力而行

我们知道名人字画价值不菲，动辄数十万、上百万，甚至有高达数亿的大作。投资者应该量力而行、谨慎为宜，如果名家大作超出了自身能力范围，可以留意那些中等名家的作品。

2. 掌握字画鉴别方法

一般来说，古字画鉴别的难度非常大，再加上临摹者众多，有些临摹的作品在国家级的鉴别大师面前都能以假乱真，所以投资者要掌握些鉴别方法，除了关注其笔法、墨法、结构和画面外，还要注意人的名款、题记、印章和他人的观款、题跋、收藏印鉴等。

3. 不要购买有争议的作品

如果遇到了具有争议性的作品，投资者一定要谨慎小心，不要抱有侥幸的心态，否则就可能会以真货的价钱买了假货。

4. 关注中青年画家作品

目前，一些中青年画家作品也有较大的升值空间，普通投资者可以多多关注这些画家的作品。不过风险比较大，回收期也较长。投资者必须有鉴别其艺术性的眼光才能找到具有潜力的画家。

5. 关注国际行情，把握好出让时机

投资的目的就是获利，投资者只有出让艺术品才能获取收益，投资者应该关注市场状况、行情趋势。另外，投资者应该关注国际公认的行情，并非在某个画展上的情况。字画只有经过以下国际四大艺术公司拍卖认定才具有更高的价值：苏富比、佳士得、嘉德和保利APT。

专家点拨

> 书画最重要的特点是其艺术性和历史价值，尤其是名人字画更具有极高的收藏价值。所以字画收藏并不是简单的投资，需要有一定的财力和鉴赏能力，更要有极高的文化修养，不能一味地追求赚钱，让艺术品染上了铜臭味。

饮品成金：现代时尚的红酒收藏

美国著名作家威廉·杨格曾经说："一串葡萄是美丽、静止与纯洁的，但它只是水果而已；一旦压榨后，它就变成了一种动物，因为它变成酒以后，就有了动物的生命。"

红酒具有悠久的历史，因其香醇味美受到了众人的喜欢。红酒文化已经渗透到西方尤其是法国的政治、文化、艺术以及生活的各个层面，并影响着全世界人的生活方式和文化情趣。

财富故事

"拿几支82年拉菲进来！"1998年，一部名叫《古惑仔》的香港电影曾经风靡一时。多年以后，这部电影早已淡出人们的视野，但是这种叫作拉菲的红酒在中国内地却风靡一时，几乎成为顶级法国红酒的代名词。

而如今红酒已经不再是一种单纯的浪漫饮品了，它早已经成为投资者们竞相追逐的对象。红酒投资已经进入高烧阶段，动辄十几倍甚至上百倍的投资收益让人难免心潮澎湃。

收藏红酒是一个长线的投资，酒买来以后，可能需要储存个三五年之后再去变现。

据统计，全球大概只有总量不到 0.1% 的顶级葡萄酒才有收藏价值，只有少数顶级的葡萄酒才有陈年潜力，正是这种稀缺性，勾起了投资者的热情。

根据环球红酒的统计资料，如果投资法国波尔多地区的 10 种红酒，过去 3 年的回报率为 150%，5 年回报率为 350%，10 年回报率为 500%，而 1982 年份的拉菲更是创下了 10 年涨幅约为 850% 的收益纪录，而同一时期黄金价格的涨幅仅有 4 倍。来自中国的买家正在成为推动红酒市场的重要力量。

生财有道

目前红酒市场方兴未艾，不过由于这个市场刚刚兴起，处于无序状态，当下的红酒收藏可谓乱象频生。很多商家利用投资者急于进入市场的心理，乘机炒作非顶级红酒，或是将从外国买入的低价红酒贴上名酒的酒标，或把红酒的名字往"拉菲"身上靠，趁机大赚一把。

那么，投资者如何才能保证自己收藏的红酒具有真正的价值呢？一般来说，投资者应该考虑以下几个因素，即优良的质量、稀有性、陈年能力以及完美无瑕的来源。

1. 投资或收藏葡萄酒时，应关注其产地和酒庄

投资者只有选择最好的酒庄，才能保证其优良的品质。目前世界上顶级的酒庄有拉菲酒庄、玛歌酒庄、木桐堡酒庄、拉图酒庄和奥比昂酒庄等。

2. 挑选最好的年份

红酒的年份非常重要，同一酒庄的红酒年份不同，其价值也有很大差异。因为红酒的年份决定了光照、温度、降水量、湿度和风等因

素，也直接影响了葡萄本身的质量，进而影响了红酒的口感、色泽和醇厚度等。

3. 收藏红酒先学解读酒标

对于投资者来说，必须先学会解读红酒的酒标，这样才能识别其是否具有收藏价值。一般来说，投资者可以在葡萄酒瓶上看到原产国酒厂的酒标签，其内容包括葡萄酒名称、产区、等级、收成年份、酒厂名、装瓶者、产酒国、净含量和酒精度。

4. 识别真正顶级酒庄的顶级红酒

目前红酒市场乱象频生，不但很多不知名的红酒开始向世界级名酒上靠，而且一些著名酒庄也推出了子品牌。比如拉菲酒庄旗下也有其他酒业品牌，这些酒款也只属于拉菲集团生产的系列红酒，而不是拉菲葡萄酒。而只有拉菲古堡所酿制的大、小拉菲才是真正意义上的拉菲顶级红酒，才真正具有收藏价值。

5. 只有窖藏级别的葡萄酒才值得收藏

并不是存放年代越久的红酒就越具有价值，如果没有陈年存放的能力，红酒放久了也会坏掉，所以只有窖藏级别的葡萄酒才值得收藏，而窖藏级别的葡萄酒只占葡萄酒总量的 0.1%。

其实，只有世界八大名酒庄的产品才具有真正的收藏价值，比如法国波尔多 5 级以内的酒庄，但是并非这八大名庄的所有红酒都值得收藏。

专家点拨

红酒收藏和投资也具有风险性，收藏者应该明白并不是所有红酒都有收藏价值。因此，投资者应该谨慎小心，不要盲目地进行投资。

第十二章

互联网"掘金"，国民理财新渠道

最近几年，互联网金融给我们提供了品种丰富、数量庞大的互联网理财产品。不过，在面对各种各样的理财产品时，我们也会遇到选择、鉴别、规避风险等一系列难题，因为这是一个收益和风险、陷阱并存的领域。只有学会选择正确的产品，规避各种风险和陷阱，我们才能在互联网理财中获得切实的收益。

叩开互联网理财大门,躺着也赚钱

互联网金融的兴起与普及,揭开了投资理财的神秘面纱,让人们觉得投资理财离自己是如此之近,平时的零钱放到手机"钱包"中还能产生利息,而需要用这些零钱时又可以轻松花出去,这种躺着就能赚钱的感觉真好!

财富故事

1988年出生的小王,在北京三环内某高档酒吧工作,月薪万余元,可除去房租、吃喝以及其他日常开销,只有3000多元钱的剩余。不过,他十分善于理财,会定期把这些钱存进银行,定期1年或3年,年利率在3%~3.5%。2013年上半年,"余额宝"刚上线,一直有着超强理财嗅觉的小王就感觉到机会来了,便果断拿出2万元存进"余额宝"。他也算是最早使用"余额宝"的潮人之一,在最初几个月内余额宝利率最高达到7%以上。

生财有道

现在说起互联网理财来估计大家都不再陌生——互联网理财就是通过互联网来管理理财产品,获取一定利益。2017年我国网民已经达到7.72亿,互联网普及率达到55.8%,其中手机网民已达7.53亿,占比为97.5%。移动网络的快速发展促进了"万物互联"。移动支付的不断深入,让互联网理财用户快速地增长。

互联网理财不是把传统的金融行业与互联网简单地结合起来,它包括以下几层含义。

第一,一些互联网企业提供理财产品,投资者通过互联网平台实现在线投资、理财或者融资等。

第二,传统金融行业利用互联网平台提供金融咨询和金融服务,很多银行开始联合一些互联网企业改革，并逐渐向互联网金融渗透。

第三，普通投资者利用互联网进行理财投资。原来股民炒股需要到股市开户操作，现在则只要通过电脑或者手机就能轻松实现开户和随时买卖。

互联网理财降低了门槛，让高大上的理财进入寻常百姓家，并且受到越来越多人的喜爱。在公交车上、地铁站内，人们都能借助一部智能手机，随时查阅理财资讯，随时随地理财。

互联网理财让人人都成为"理财小专家"，人人都能享受到理财的快乐。互联网思维下的理财，让每个人都有成为富翁的可能，让每个人都有实现财务自由的可能。只要你想，就有机会实现，互联网理财给了你一个撬起财富的支点。

由于通过理财可以实现财富增值与保值，越来越多的人加入了理财大军。互联网理财凭借自身的诸多优点，受到越来越多投资者的青睐。相比于传统的银行理财或者信托理财，互联网理财平台更为透明、快捷、简单。接下来我们将对互联网理财的优缺点作一简单介绍。

优势一：与银行相比，互联网理财的收益率相对较高。互联网理财产品由于其自身特点，回报率相对银行来说要高。就拿大家比较熟悉的余额宝来说，其利息比银行活期利息就高不少，并且可以随时消费。

优势二：投资门槛低。一般银行理财产品都是 5 万元起步甚至更多，而互联网理财的起步则很低，一般是从 100 元到 1000 元不等。比如余额宝的定期理财大多从 1000 元起步，还有很多定投以 10 元起步，这让很多人都能轻松开始理财。相对于传统的理财，互联网理财更"接地气"，可以让人们养成理财的好习惯。

优势三：操作方便快捷。互联网理财不像股票、外汇等投资那样不断地看盘，也不需要经常进行买入卖出的操作，通过手机 App、微信、电脑就能做到随时随地投资理财。

优势四：有保障。互联网平台逐步引入第三方资金托管方式、风险备付金计划等安全保障手段，同时也在不断完善风控手段，使风险控制得到了很大改善。并且互联网本身就具有透明的特性，如果选择一些正规合法的平台，其风险还是有保障的。

优势五：流动性很好。相对于一些周期很长的投资，互联网理财有着较为明显的流动性优势。它资金周转快，人们需要资金时能够更快地拿到。投资时间短期长期都可，短则几天、一个月，长则几年，人们可以根据实际情况及喜好选择。

优势六：节约时间，适合各阶层人士操作。只要有网络，有一部智能手机，在家里、路上、单位，即使是上个洗手间都能操作。互联网理财让理财不再费时费心，不用再去银行等地方排队，只需要一点空闲时间，手指轻轻一点就能实现理财投资。这对于一些时间较紧张的人来说可谓最大的"福音"。

虽然互联网理财拥有很多的优点，但是不可否认其同样也存在着不少弊端，现在简单介绍一下：

第一，风险大。互联网理财是一个新鲜事物，开启了理财的新模式，但新生的事物往往还不成熟。首先就是来自信用的风险。目前我国的信用体系尚不完善，互联网金融的相关法律还未配套齐全，互联网金融的违约成本较低，容易诱发恶意骗贷、卷款跑路等问题。特别是一些 P2P 网贷平台，因为准入门槛低和缺乏监管，最后沦为一些不法分子从事非法集资和诈骗等犯罪活动的温床。其次就是来自网络安全的风险。我国互联网安全问题突出，网络金融犯罪的问题不容忽视。一旦遭到黑客攻击，互联网金融的正常运行就会受到影响，危及投资者的资金和个人信息。

第二，监管有待加强。互联网金融必须要有法可依，这样才能给大家提供一个良好的金融生态系统，才能确保平台拥有完整的理财产品供应链。但是当前的互联网金融还未接入人民银行的征信系统，也没有信用信息共享机制，不具备类似银行的风控、合规和清收机制，很容易发生各类风险问题。我国的互联网理财还处在起步阶段，还没有监管和法律约束，缺乏准入门槛和行业规范，整个行业面临着诸多政策和法律方面的风险。

总的说来，互联网理财的前景很好，以后一定会成为投资理财的主流模式。

专 家 点 拨

　　互联网与金融联姻，最大的受益者无疑是普通大众。尤其是站在投资者的角度来看这个问题，学金融就是为了投资，而互联网使投资理财更多样化、简单化。自从有了互联网金融，很多投资者在理财的理念和方向上，都出现了重大的变化。

抓住互联网金融规律，玩出高效益

　　互联网金融目前到底有多少种新玩法，未来互联网金融会创新出多少种玩法，恐怕谁也说不清，因为互联网金融一直处在不断发展、不断创新中。一项互联网新技术的应用，或一个金融新品种的推出，都有可能衍生出许多种新的理财投资方法。

财 富 故 事

　　李先生是一家外贸公司的老板，近来由于资金问题，他向自己开户的工商银行申请了200万元的短期贷款，然而他只有一套住房，无法满足工行必须抵押两套房产的条件。如果资金再周转不开，公司的资金链就会有断裂的风险，李先生急坏了。

　　有一个搞金融的朋友知道李先生的难处后，推荐他到某互联网金融平台去试试。经过朋友的指导，李先生在该网站淘出了六款抵押类个人商务贷款。经过分析月供和利息水平后，他先后向民生银行和中国邮政银行提交了申请，这两家银行的信贷客户经理很快就和他取得了联系。经过沟通和比较，李先生最后在邮储银行信贷客户经理的帮助下获得了该行 180 万元贷款,解了公司的燃眉之急。

生财有道

互联网金融在这片广阔的"蓝海"里,经常推陈出新,产生许多新玩法。每个人都要从根本上去理解互联网金融的特性,抓住互联网金融的规律,正确高效地去"玩",玩出效益,玩出生活的乐趣。

那么,互联网金融理财有哪些新玩法呢?我们列举几个有代表性的玩法简单做下梳理。

1. 阿里巴巴——告别贷款无门的历史

长期以来,传统银行"嫌贫爱富",贷款高度集中在国有大型、中型企业,而民间借贷和小额贷款公司则受资金实力限制,成本高、期限短,这导致小微企业、个体工商户,尤其是个人消费性贷款难的问题始终得不到有效解决。资金短缺一直是制约小微企业正常发展的瓶颈问题。

阿里巴巴是国内较早办理企业对企业之间进行产品、服务及信息交换的电子商务平台。"阿里小贷"的创新实践始于 2007 年 6 月,当时阿里巴巴与建行、工行共推小企业信用贷款。不需要任何担保、抵押,只要联合两家以上的企业互保,即可申请贷款。试运营 6 周,发放 9038 笔,累计发放贷款 2145 万元。此后,阿里巴巴集团成立专业贷款公司,专注阿里巴巴和淘宝平台上的小微企业和自主创业者,陆续推出淘宝订单贷款、淘宝信用贷款等品种,最低额度 1 元,最高 50 万元。申贷、审贷、定贷、放贷全部流程都在互联网上完成,最短 3 分钟,最长不超过 7 天便可以获得贷款。

"阿里小贷"整合了电子商务过程中形成的数据和信用,较好解决了银行对个人和小微企业信息不对称和贷款流程复杂繁杂的问题,通过"做银行做不到或不想做的事情",取得了风险控制和资本回报的巨大成功,随之,更多的非金融机构也开始跨行际办理小微企业和个人贷款。互联网金融的出现,使小微企业和个人贷款不再难,使告贷无门从此成为历史，为经济发展开辟了新的增长点。

2. 股票配资——融资无法抵押的贷款

一种新型的金融产品在 P2P 投资理财平台一经推出，便成为投资中成长最快、最为吸引人的项目。成立仅仅两年的某"互联网金融超市"平台推出股票配资"增财易"，上线短短两个月，已经为 1.7 万投资人提供实盘操盘资金 10 亿元。

什么是股票配资？就是为股票投资者提供放大操作资金的业务。道理很简单，当一个拥有技术、头脑精明、经验丰富、精于短线操作的股票高手，突然发现一个赢利的绝佳机遇，却发现自己仓位占满，没有更多的流动资金用于购进股票，不想就这样眼睁睁看着获取放大利润的机会溜走时，可以申请股票配资。网贷平台根据申请者的资产、经验和赢利等情况，为申请者提供一至五倍比例的融资。股票投资者不需要担保、抵押手续，便能在短时间内迅速放大一至五倍的资金量，从而在股票投资中赚取一至五倍的利润。

股票配资看起来很美，就像一朵娇艳盛开的罂粟花。它可以让你的收益扩大 5 倍，一夜暴富；也可以让你的风险扩大 5 倍，让你赔得精光。

当然，信息社会瞬息万变，新技术日新月异，互联网金融新产品层出不穷，各种玩法不断翻新，只有精通互联网金融，熟练掌握互联网金融技巧的人才能在这片蓝海中乘风远行。

3. 数字货币——海市蜃楼还是一本万利？

2017 年比特币风靡全球，一枚的价格就超过了 10 万元人民币，价格更是过山车式的跌宕起伏，心脏不好的人根本就承受不了。比特币的火爆还带动了一大批数字货币的繁荣，比如莱特币、狗狗币、达世币、门罗币等。一直主张价值投资的股神巴菲特说："比特币的内在价值几乎为零，这是一场海市蜃楼。"

随着互联网的发展，人们的支付方式发生了巨大变化，曾经我们买房要拿一捆捆的现金，到后来只需要带一张银行卡就能解决，而现在随着移动支付的广泛应用，只要带着一部手机"扫一扫"就能轻松解决，我们已经习惯了看不见现金的日子，我们看到的只是一个个数字。数字货币是指对货币进行数字化，是电子货币形式的替代货币，数字金币和密码货币都属于数字货币。数字货币不是虚拟世界中的虚拟货币，因为它可以被用来购买真实的商品和服务，而不像虚拟货币那样仅仅局限于网络游戏等虚拟空间之中。

在使用数字货币交易时，主要涉及数字货币开户、充值或提现、交易三个环节，涉及的风险主要包括：安全系统、撮合系统、对账系统和风控系统等。投资数字货币的风险一般分为交易风险、信用风险、经济风险和政策风险。其中交易风险最普遍也最能直接影响到投资者的利益。部分投资人对数字资产投资不是出于对项目和技术的了解，而是把数字货币看作是"一本万利"的投资渠道，从而引发了很大的风险。另外，这个市场缺乏监管，导致虚假项目和非法传销等层出不穷，这些都给投资者带来了巨大风险。

专 家 点 拨

　　互联网理财是一个长期坚持的"小事业"，投资者选择时要注重从长远出发，不要只看眼前的利益而盲目追求收益，要始终谨记"安全第一"的投资原则。

余额宝理财：让你每天都有收益

在支付宝旗下，有一款当下非常火爆的投资产品——余额宝。余额宝是支付宝为个人用户打造的一项余额增值服务，用户只要把钱转入余额宝中就可获得一定的收益，十分方便。

财 富 故 事

在山东伊芙罗蔓化妆品有限公司上班的小张工作不足两年，没什么存款，发了工资就搁在卡里，随用随取；也想过买点理财产品，但银行理财产品多数都是 5 万元起步，最后她只能放弃。2016 年随着余额宝收益越来越高，张小姐也试着买了 200 元，隔天看看收益就几分钱，但是操作挺方便的，于是每个月都转点钱进去，到 12 月份的时候她总共放了 2 万元。现在，她每天起床都能看到收益多出几块钱，心里就甭提多高兴了。

生 财 有 道

支付宝 2013 年 6 月 17 日推出的余额宝，是蚂蚁金服旗下的余额增值服务和活期资金管理服务。余额宝对接的是天弘基金旗下的增利宝货币基金，特点是操作简便、低门槛、零手续费、可随取随用。转入余额宝的资金在第二个工作日由基金公司进行份额确认，并对已确认的份额开始计算收益。余额宝的最大优势在于，用户转入资金不仅可以获得收益，还能随时消费支取，非常灵活方便。

天弘基金是背后服务余额宝的实际产品，用户将钱转入余额宝，即默认购买了天弘增利宝，而用户如果选择将资金从余额宝转出或者使用余额宝进行购物支付，则相当于赎回了增利宝基金份额。

余额宝帮助人们管理现金，让闲钱最大限度地生息，改变了国人闲钱储蓄的理财习惯。如今，余额宝已成为国民理财的神器。在余额宝强大的资金聚拢效应影响下，各大银行纷纷推出类似余额宝的产品以应对挑战，比如平安银行推出"平安盈"，民生银行推出"如意宝"，中信银行联同信诚基金推出"薪金煲"，兴业银行推出"兴业宝"和"掌柜钱包"，等等。这些银行系"宝宝"军团多为银行与基金公司合作的货币基金。不过，"宝宝"军团的出现，并未影响到余额宝中国第一大货币基金的地位。

从长期来看，余额宝的收益会逐步回归到货币基金较为均衡的收益水平。截至 2018 年 4 月，余额宝七日年化收益率达到了 4.0340%，这个收益率是目前一年期银行存款利率1.750%的2.3倍。从某种程度上,余额宝可以作为活期储蓄的替代品。

余额宝适应了互联网金融大潮流的发展,用户使用余额宝就像应用支付宝一样简单、方便。那么,余额宝有哪些特点呢?

1. 高收益

余额宝背后的天弘基金本身从事基金投资,因而余额宝的收益较之同期的银行活期储蓄要高出一大截。

2. 购买方便

余额宝是将基金公司的基金直销系统内置到支付宝网站中,用户将资金转入余额宝,实际上是进行货币基金的购买,相应的资金管理均由基金公司进行。就比如我们把钱存入银行就只能得到利息,但是安全系数高;而通过余额宝购买基金的话,相应的利润要高,相当于一种投资,钱由基金管理,收益是投资收益。

3. 安全有保障

余额宝为用户提高了交易安全性,如果用户妥善保管你的账户和密码,你的资金安全基本上就不会出问题。而且为了应对风险的滋长,支付宝母公司浙江阿里巴巴电子商务有限公司已经出资118亿元认购天弘基金,以51%的持股比例成为其第一大股东,牢牢掌控自己的金融产品安全,保障用户的利益。

4. 操作简单

余额宝的注册和投资流程同传统的理财产品相比,剔除了手续烦琐的弊端,简单快捷,易于操作。而且,用户还可以随时登录客户端进行收益的查询,方便理财。

当然,我们都知道理财收益越高,相对应的风险也会增大。用户将资金转入余额宝就是一种投资行为,那么投资必然也会有风险。余额宝与直接进行基金投资、购买银行理财相比,其最大的优势还是在于资金的流动性高,当天收益当天到账。余额宝的风险主要体现在以下几个方面:

1. 市场风险

余额宝的背后是天弘基金的一款货币基金，货币基金对市场利率有很高的依存度，如果央行降低利率，那么货币基金的收益会迅速下降。

2. 网络技术风险

由于余额宝和阿里旗下的淘宝、天猫、支付宝都是无缝连接，如果余额宝出现技术漏洞，一旦这种漏洞被黑客破获，那么将是灾难性的损失。一方面账号中的资金有风险，另一方面有可能出现大量挤兑赎回。当然这种风险出现的可能性很小，但一旦发生将是无法挽回的。这和一些互联网金融理财产品不一样，这些产品中的资金限定了只能划转到自己绑定的银行卡，这样就为资金提供了多层保障。

因此，我们在使用手机客户端时，要确保自己手里的应用全部安全正常，手机中所有的安全设置要全部使用，比如手机登录密码、手机支付密码，同时对个人手机应该也设置复杂度适当的锁屏密码，以确保安全。

专家点拨

过去大家习惯去银行存款是因为理财的渠道比较有限，近年来随着互联网金融的快速发展，我们可以选择的理财方式越来越多。此外，目前一年期存款利率赶不上通货膨胀率，把钱存在银行只能越来越缩水。所以，对于保守型投资者或刚进入社会不太会理财的"月光族"来说，将自己手上的钱投入余额宝是一个不错的选择。

众筹理财：花小钱也能成为股东

俗话说，众人拾柴火焰高。"众筹"，说得直白点，就是一群人借助互联网支持另一个人干一件事。这种支持可以是实物的，也可以是货币的，即通过群众筹钱，来支持发起人或组织者的行为。众筹的最大特点是任何人都可以出资，投资者不是某个财大气粗的金融机构，而是很多普通人。

财富故事

在杭州，有一个叫蔡华的自由投资人，他通过众筹开办了一家123茶楼。当初，他有一个朋友要转让一家餐厅，他得知后就在微信群中转发了这条消息。很快，群里就有人回应他，可否几个人一起把这家餐厅盘下来做茶楼生意。他考虑后觉得这个想法可行，就答应了。随后，他又在朋友圈里发了一条信息：如果你出一万元钱，就可以成为茶楼的股东之一。结果群里就有十几二十个人响应这件事情。

眼见着朋友们的热情越来越高涨，怀揣着各种目的的人也参与了进来，蔡华又在网上发表了一篇名为《一万块，你想干什么》的文章，并明确了此次众筹的目的。第一，投资一万元钱，每年可以获得10%的回报；第二，能获得一个志同道合的圈子，一次互联网思维的实践；第三，可以成为茶楼的股东之一。另外，他还加了一个很苛刻的限制，说五年不分红、不能退。这条信息给大伙讲清了这次众筹的规则，更重要的是把一些不符合他要求的人排除了出去。

最终，123个来自不同行业的陌生人参投，每人一万块钱，123茶楼就这样开张了。

生财有道

从这个事例可以看出，众筹让我们每一个人都能成为投资者，在为社会贡献财富的同时，也实现了个人财富的增长。

对投资者来说，众筹最大的好处就是风险分摊。如果一个人做一个餐厅或者一个咖啡馆，失败了要赔几十万，甚至几百万元，这对很多人来说都是不小的数目。通过众筹，参与的人越多，投资门槛越低，每个普通人都能在全球海量的创业项目中找到适合自己的创富机会。投资人可能仅需要支付一个月的工资，甚至只是一顿外出就餐的费用，即使做赔了，对每个人的影响也不会太大。所以，众筹不是在给那些富人、名人创造更多机会，它是在给草根创业、理财，给普通老百姓的投融资需求创造机会。

众筹最早从国外引进，它的兴起源于美国一个众筹网站，该网站通过搭建网络平台面对公众筹资，让有创造力的人获得他们所需要的资金，以便实现他们的梦想。这种模式的兴起打破了传统的融资模式，每一位普通人都可以通过该种众筹模式获得从事某项创作或活动的资金，使融资的来源不再局限于风投等机构，而可以来源于大众。它在欧美逐渐成熟并推广至亚洲、中南美洲、非洲等发展中地区。

很多时候，众筹都被人们称为"天使的天使"。有创意的人可以在众筹平台发布项目，定个目标资金数，让一些感兴趣的人过来赞助；有钱人也可以在这里挑选项目进行投资。如果双方看对了眼，实现了最初设定的资金目标，事情也就成功了一半。

在这个过程中，"投资人"可以依据众筹的四种形式来判断最终是获名、获利，还是获股份：

1. 债权众筹

类似于创意者就未来创意项目向投资人借款，即双方为借贷关系，当项目完成或有阶段成果时或之后，须向投资者返还所借款项，以及利息。简单来说就是，我给你钱你之后还我本金和利息。

2. 股权众筹

投资者对项目或公司进行投资，获得其一定比例的股权。简单来说就是，我给你钱，你给我公司股份。

3. 回报众筹

投资者对项目或公司进行投资，在项目完成后给予投资者一定形式的回馈品或纪念品。回馈品大多是项目完成后的产品，时常基于投资者对于项目产品的优惠券和预售优先权。简单来说就是，我给你钱，你给我产品或服务。

4. 捐赠众筹

投资者对项目或公司进行无偿捐赠，不求任何回报。简单来说就是，我给你钱，你什么都不用给我。

玩得转众筹固然好，但要提醒大家，在中国现行的法律和监管体制下众筹既有红线，也有风险，有人成功，也有人失败。对这一点，每一个进入其中的人都需要有一个清醒的认识，学会规避风险，不越雷池，学会全程操作，学会掌握技巧，你就是一个众筹达人。

众筹中，有项目发起人打着众筹的名义行骗的，也有投资者看不清事实、盲目投资而遭受损失的。本来把一个新产品或者服务推向市场就是一个极为冒险的事情，这也就给一些众筹骗子提供了成长的温床。投资者要注意对这些骗术进行识别和防范，以免遭受不必要的损失。

在项目发起人向大众寻求资金支持的过程中，透明和诚信是必不可少的条件。如果做不到这两点，你就要考虑下自己成功的概率到底有多大了。发起众筹的最佳时期一定要在你可以自信地知道你能向支持者完成承诺的时间段内，你也应该向投资者告知你的项目中可能遇到的各种潜在危机和挑战。如果你盲目，或者过度乐观，你也可能被别人定义在"骗子"的行列，即便你本身并不如此。

"少承诺，多做事"。这条古老的格言同样适合于项目发起人。众筹平台往往都会要求项目发起人限定一个回报日期，发起人这时不妨给这个日期多设定一个额外的缓冲时间，以保证在面临不可预期的问题时能够将产品或服务及时交付到投资者手中。当然，在产品和服务的生产或执行中，也要注意质量的把控，出现任何不符合当初质量要求的产品，你都会被投资者认为具有欺诈行为。

传统的商品预售会遵循我国合同法的规定，如果商品交付超期或者质量不合格，那么相关赔偿、退款和召回程序都有明确的法律可依，消费者只会损失时间成本。但在众筹模式中，消费者的投资兼有预购、投资和助资的性质，如果出现违约的情况，怎么挽回损失，目前在法律上还没有明确的规定，众筹三方的意见也还并不统一。

这就要求投资者要选取知名度高的众筹平台，仔细阅读众筹平台的相关规定。因为平台知名度越高，优秀的项目也就会越多。对于众筹平台，以及项目发起人、股权众筹领投人，形成判断之前需要多参考一些他们的过往业绩和业界口碑。在股权式众筹中，支持者也要有天使投资人一般的心理准备，由于首次创业的项目发起人可能缺少制定正确的商业决策的专业知识和技能，最终导致项目的失败，所以投资人既要赢得起，也要输得起。这个社会有个不变的规律，那就是收益越大，风险也越大。如果身在其中，就得受这个规律的制约，要有敢于承担的心理准备。

专家点拨

最初，众筹是艺术家们为创作筹措资金的一种手段，现已演变成初创企业和个人为自己的项目争取资金的一个渠道。众筹网站使任何有创意的人都能够向几乎完全陌生的人筹集资金，从而消除了从传统投资者和机构融资的许多障碍。而众筹模式最大的功能不仅仅体现在拉低了创业门槛，更重要的是，无论作为创业者还是作为支持者，众筹都在切切实实地改变着很多人的生活方式。

P2P 理财：饱受争议的理财模式

基金理财、股票理财，这都是我们较为熟悉的理财模式，即使在移动互联网时代，它们的本质依旧没有改变，只是使用、操作模式产生了变化。但有一种理财模式，却是紧跟时代发展而出现的，那就是P2P。无数理财专家，都在不断分析着这种新型理财模式，更有一批人宣称：划时代的理财模式正在到来！然而，看似纷扰的 P2P，真的能够在移动互联网时代开启全新理财模式吗？

财富故事

小徐在济南秦鲁药业科技有限公司供职，工作之余，他喜欢做些投资，比如投资股票、期货、线下门店等。2011 年，一次偶然的机会，他看到拍拍贷这家公司的报道，开始知道了"P2P 网贷"模式。他认为这是一次投资的机会，于是开始密集研究 P2P：逛 P2P 网贷论坛、加 P2P 投资 QQ 群，进入 P2P 网贷投资者的圈子。他的首笔网贷投资是在 2012 年 5 月底，第一笔投资金 9.5 万元本金被他投在了某 P2P 平台上。

为何选择该平台？他的回答是，几乎所有 P2P 网贷投资人入行首先了解的都是人人贷、拍拍贷、宜信。"但是，很多投资人喜欢高收益，而这些知名的平台月息 1 分多，很多投资人并不'满足'。我所选择的平台有做抵押的背景，感觉相对安全。标的额度较小的标的在 10 万元左右。"在第一笔投资获得回报后，他开始加大本金投入，把投资股票的钱全部抽回用于 P2P。

长期以来，小徐秉承着不能把鸡蛋放在一个篮子的原则，他先后选择了几家 P2P 平台进行投资。2012 年底，他投入的本金共达到 80 万元。后来，他陆续投过的 P2P 有 30 多家，投入的本金竟达到 230 万，盈利 60 万。

在诱人的回报面前，小徐忘记了风险，忘记了高息背后潜藏的是危机。2013 年 10 月份，P2P 平台迎来倒闭潮，倒闭的也都是高息平台。在这轮倒闭潮中，小徐也未能幸免，踩了四个雷：家家贷、徽煌财富、江城贷、宝丰创投，本金共 80 万元。这些平台无例外都是高息平台。

"总的来说，不但没赚利息，还亏损了 20 万。"小徐颇为无奈地说道。回顾这一路丧失理性的举动，小徐反思，之所以踩雷，与自己风险意识不够有关。这也是大多数投资者未能注意的问题。

经过这波倒闭潮，小徐变得更加冷静，但他不会退出 P2P 投资的圈子。他心里已经有了自己的一套方案。"以后肯定会继续投，但要加大安全性。高息平台一定不能碰。要精选纯 P2P 平台，远离自融自用的平台。"他说，未来在签合同时也要注意，要和借款人直接签合同，将对方的抵押物抵押给自己，加大安全性。

生 财 有 道

所谓 P2P 理财，是指个人与个人之间的借贷，但不是个人之间直接借贷，而是通过相关中介公司办理借贷事宜，把借贷双方对接起来实现各自的借贷需求。借款方需要通过高额的回馈，来满足债权方借款的收益。而手机 P2P 理财，正是通过手机进行 P2P 方面的事宜。

为什么在智能手机蓬勃发展的时代，P2P 能够迅速崛起？这是因为随着移动互联网的不断发展，便捷度得到了大大的提升，中介公司可以通过网络将信息传播至全国，而不再像过去一样需要将业务仅仅局限于某个小地方，只能依靠业务员的两条腿去跑。而借贷双方也可以根据中介平台的信息，合理选择自己的借贷方向，即使彼此身在中国的最远两端，也可以借助手机互联网完成。此外，我们还可以分割投资。比如有一笔十万元的资金，你可以投资到好几个理财产品中。

正是因为信息呈现出爆炸式增长，P2P 才能在移动互联网时代飞速发展。不设门槛的小额投资，高利率、多渠道投资的特点，让 P2P 理财在移动互联网时代到来时，迅速取得了市场的关注。

据不完全统计，目前中国的手机 P2P 理财软件已达上千个，这些公司借助着不同的项目，给客户带来源源不断的业务。总体而言，P2P 理财主要针对小额资金，重点服务于工薪阶层、小微企业主等。这些群体因为从银行贷款较难，自然就选择更加便捷的借贷模式。而各家平台会对借款人进行信用审核和风险控制，然后收取相应中介费盈利。

信息量大、投资简洁，是手机 P2P 理财飞速发展的原因之一。更重要的是其远高于银行存款的收益率。目前，银保监会规定贷款利率不能超过银行同期贷款利率的 4 倍，所以绝大多数公司的理财产品都会将 15 天理财年化收益率控制在 7% 之内，90 天理财年化收益率控制在 9% 之内。

一段话总结手机 P2P 理财就是：从中介方获得理财产品信息，然后将资金投入其中，在合约到期时获得收益。中介平台负责信息核对、风险控制、收益发放。而这一切，只需在手机上简单点击操作即可。

从本质上来看，P2P 是一种信贷理财，与银行存款完全不同。我们所了解的各种 P2P 信贷平台并非银行，而是一种专业的金融机构。作为一种在海外已经完全成熟的理财模式，中国的 P2P 理财发展尚在初期，虽然也借鉴了一套关于信用、审核、跟进、回款管理的服务流程，但是由于相关政策还未完全到位，因此也出现了不少问题。并且，这些问题都不是出在借贷双方上，而是出在中介——P2P 信贷平台。跑路、停业、提现困难等问题，是悬在手机 P2P 之上的达摩克利斯之剑。

尽管目前手机 P2P 理财饱受争议，但这并不等于，人们不能参与这种理财模式。事实上，作为一种新兴的理财模式，P2P 在国外早已成熟，也有很多人因此获得了不错的收益，由此可见它并非毒蛇猛兽。进行 P2P 理财，遵循的一个原则就是稳妥。那么，我们该怎么做呢？

1. 产品的风险控制

无论别人把 P2P 理财产品说得如何天花乱坠，我们首先要关注的就是平台是否规范，是否有完善的风险控制技术，是否有抵押，是否有还款风险金，是否能提供每一笔债券的详细流水，是否每个月都会在固定的时间给客户邮寄账单和债权列表等。不要被单纯高额的收益率所迷惑，如果平台没有这些细节的解释，就不要进行投资。

2. 合同规范性

虽然 P2P 理财可以完全通过手机操作，但是正规的 P2P 平台即使当你使用手机客户端进行了购买确认，依旧会发送纸质合同进行确认。所以，我们在认购产品时，必须把合同的每一个条款都认真阅读。如果马虎签署，那么产生的风险也只能由自己承担。最佳的处理方式，是将这份合同拿给专业经济律师审阅，然后根据律师的建议进行确认或否定。

3. 别被高收益的数字所迷惑

"收益高，未必安全"，这是 P2P 行业一句不成文的潜规则。纵观 P2P 平台跑路事件，绝大多数都是因为承诺过高，结果无法兑现造成的。P2P 相关专家表示，一款成熟的 P2P 产品，或者一家正规的 P2P 平台，通常给用户承诺的收益率在 10% 左右，这是较为合理的，但就目前来看，不少 P2P 平台为了吸引客户，早已突破了极限。某第三方财务公司在 2014 年 8 月对各大 P2P 平台进行了调查，结果发现：101 家网贷平台中，所发行产品平均利率超过 10% 的网贷平台占 95%，超过 15% 的占 75%，超过 20% 的占 27%。20% 收益率以上的这些平台，都属于风险非常大的 P2P 平台。

所以，在面对林林总总的 P2P 产品和 P2P 平台时，我们一定要冷静思考，而不是单纯地被数字所鼓动。尤其对于那种动辄承诺收益非常高，远远超出了国家规定基准的 P2P 平台，例如承诺达到 20%、30% 甚至更高的，我们应该敬而远之。"贪多必失"，中国这句老话，放在任何一个时代都不过时。

4. 多关注行业信息

P2P 正在发展初期，所以多关注行业信息，也可以帮助我们识别哪些是假冒的、有风险的 P2P 平台。例如，P2P 理财项目将会纳入银保监会监管系统，所以，多关注银保监会的新闻发布，必要时进行电话咨询，这样也可以避免上当受骗。

专家点拨

很多 P2P 创始人将平台作为短期谋利工具，在初建阶段即以高达 15% 以上的年投资收益率来吸引投资者，迅速做大贷款规模。但是，平台的借款人多为小微企业和个人，自身实力和抗风险能力都较弱，很容易出现问题。一旦借款方无法还贷，就会立刻引发平台爆炸。而为了获取高额的中介费，P2P 平台早已将实力考察、风险评估抛之脑后。同时，由于目前我国的信用体系建设尚未完善，所以一些平台引入的第三方担保事实上并无相关能力，并且平台运作本身也不透明，自然会出现跑路、诈骗等事件。这些问题，都导致了手机 P2P 理财具有较高风险。